# 前言 QIANYAN

服装文化是人类文化的重要组成部分。服装是人体的第二层皮肤，人们离不开服装就像鱼儿离不开水一样，服装不仅给了人类最基本的保护，满足了人类生理上的需求,还把人类与其他动物的生活方式区分开来。服装是人作为社会成员在精神上的高层次需求，是人类摆脱一般意义上的生物体属性、向更高层次的生存方式进化的结果。

人的着装形式受到许多因素的影响，如历史、宗教、文化、地域、气候、经济、政治以及战争等。一般来说，能够被社会接受的服装才是真正意义上的服装，得到社会认可的服装能让着装者本人心情愉悦，从而有一种群体的归属感而不是孤立感。但是作为独立的个体，每个人都有着不同于别人的审美方式，会依据自己的个性选择适合自己的服装，正是这种求新求异的心态推动了服装日新月异的发展。

本教材是服装设计原理课的基础教材，主要针对服装设计专业和服装工程专业的相关课程要求而编写，在听取学生的意见的基础上，对编写内容进行了多次修改，内容翔实。

囿于学识和时间，书中难免存在一些不当之处，恳请读者批评指正。

编 者

2013年5月

# 目录 CONTENTS

# 第一章　服装

服装文化是人类文化的重要组成部分之一。服装是人体的第二层皮肤，人们离不开服装就像鱼儿离不开水一样。服装不仅给了人类最基本的保护，满足了人类生理上的需求,还把人类的生活方式与其他动物区分开来。服装是人作为社会成员对精神上的高层次需求，是人类摆脱一般意义上的生物体属性、向更高层次的生存方式进化的结果。

## 第一节　服装的界定

人的着装形式受到许多因素的影响，例如种族、历史、宗教、文化、地域、气候、经济、政治、战争等。一般来说，能够被社会接受的服装才是真正意义上的服装，得到社会认可的服装能让着装者本人心情愉悦，有一种群体的归属感而不是孤立感。但是作为独立的个体，每个人都有着不同于别人的审美方式，会依据自己的个性选择适合自己的服装，正是这种求新求异的心态推动了服装日新月异的发展。理解服装，可以从两个方面入手：物质的角度和精神的角度。

图1–1　不同的服装形式

### 一、物质的角度

服装是附着在人身上的所有物品，包括上体和下体所穿服装（如上衣、下衣、外衣等）和所有附着于人体的服饰配件（如帽子、鞋袜、包袋、首饰、伞具等）。只有穿着在人体上的才能称为服装；某些物品，在常态下不能理解为服装，然而只要把它披挂在人体上，也可认为它是服装的一分子。例如一条床单，在床上是一张床单，但放在人体上就成了服装；一张报纸在书桌上是报纸，放在人身上也成了服装。

### 二、精神的角度

服装是人类自我搭配装扮出的一种着装状态。人、服装以及着装方式等三个方面共同构成了着装效果，而不同的着装效果给人以不同的视觉和心理感受。职业套装让人精神焕发，而休闲装则给人随意放松的感觉。设计师推出的裸体装，用不穿衣服的模特周围的几根线来表达自己的服装概念，虽然模特没有穿衣服，但是这种不穿的着装状态也属于服装。所以，对服装的理解，不能只是停留在衣服“有形”的角度，还要从服装的着装方式“无形”的角度去理解。为了更好地理解服装的定义，可以通过相关的词语进一步地去把握。

衣裳，《说文》中有“衣，依也，上曰衣，下曰裳”。衣服(CLOTHING，CLOTHES)一般与衣裳的意思相同，但是在古代还包括了头上戴的帽子类。《中华大字典》称：“衣，依也，人所依此庇寒暑也。服，谓冠并衣裳也。”现在是指附着在人体上的物品，包括上衣、下衣、外衣，但不包括帽子、鞋袜等配件。被服，古时作动词用，穿着的意思；现在多作名词，指被子、衣服类。《现代汉语词典》有“被服：被褥、毯子和服装”。服饰，多指用于搭配服装的装饰物(如帽子、鞋袜、包袋、首饰等)和衣服本身的装饰(如图案、纽扣等)。

时装是指在一定时期和地域内为人们所接受的、具有鲜明时代感的流行服装，是相对于历史服装和定型服装而言的。根据流行的程度和接受时装的层次，时装可以分为：前卫性的时装（MODE）和大众化时装（FASHION）。时装的周期性较强，一般经历孕育、萌芽、成长、成熟、衰退和回潮期。

高级女装也称高级时装，是法语“HAUTE COUTURE”的意译（COUTURE是裁缝的意思）。高级时装代表了高档品位、高级的材料、高级的设计、高昂的价格、高级的服务和高级的使用场所。

成衣是指按照国家规定的号型、规格、系列、标准，以工业化批量生产方式制作的服装。在百货商店、超市、时装商店里购买的都是成衣。高级成衣档次高于成衣，生产数量较少。服装的主要款式类型有西装、中山装、茄克、衬衫、牛仔服、大衣、风雨衣、披风、裙。

西服又称西装，是西式上衣的一种款式。从纽扣的排数分有单排扣、双排扣；从纽扣的数量上分有一粒纽、两粒纽和三粒纽西服等；从驳头造型上分有平驳领、枪驳领、青果领西服等。

中山服又称中山装，根据孙中山先生设计穿着的款式命名。一身呈H型，立领，前衣身四个明贴袋，简洁大方，沿用至今。

茄克衫（JACKET）短上衣，是英文的音译，有短小的意思，指衣长较短、胸围松量大、袖口和衣服下摆收紧的上衣。

猎装以前用于打猎时穿，以辑明线、多口袋为主要特征。

衬衫是一种常见的款式，有搭配西装的较正式款式，也有单独穿着的休闲样式。

牛仔服面料风格比较粗犷，是近年来大受欢迎的一种服装样式。

## 第二节　服装的功能

功能是指产品所具有的功效和性能。服装的功能主要包括实用功能和审美功能。

**一、实用功能**

服装的实用功能是指服装“物质性”的表现。服装的实用功能主要体现在两个方面：

一是对人体机能的补助。作为人体的第二层皮肤，服装能够帮助人体应付自然界的寒暑风雨等气候变化，补足人体生理机能的不足，维持舒适的状态。例如雨衣可以防水，避免淋湿造成感冒；寒冷的冬天，人们依靠服装保持体温；而夏季人们则依靠服装吸湿排汗，保持干爽。服装的实用功能对设计有一定的指导意义，具体来说如冬装就要选用厚的防风的衣料，如羊绒、驼绒等；夏天要选用轻薄、透气、吸湿性能好的衣料，如棉料、麻料、真丝等。

二是对外来伤害的防护。服装在人体与外界之间形成了一层保护网，避免人体与外界的直接接触，预防来自跌撞、磕碰、火灾、辐射、药物的伤害，防止昆虫以及其他动物的刺伤或咬伤。出于实用功能穿着的服装有防寒服、防暑服、防雨服、防风服、防高温作业服以及其他的服装，如工作服、运动服、战斗服，还包括日常生活中使用的具有防伤、防冻、防火、防热、遮光、防毒、防虫、防弹等功能的护身服。

图1–2　服装展示

## 二、审美功能

服装的审美功能是服装"精神性"的表现。人的社会属性决定了依附于人的服装也具有一定的社会性。随着生活水平的不断提高，从功能到形式，从实用到美观，人们对服装也提出了更高的要求。作为技术与艺术的产物，服装离不开艺术的某些特征，人们通常用艺术的眼光来审视服装的精神内涵。爱美之心，人皆有之。人们对美趋之若鹜的心理形成了服装独具的审美性。服装的审美性可以分为装饰作用、道德礼仪作用、标志象征作用和模拟乔装作用。

1. 装饰作用

服装能够饰体，通过着装达到的服装效果不仅能扬长避短、美化形体，还能表现着装者的个性、兴趣、地位、优越感、审美倾向、审美水平和文化背景。基于实用功能上的外在形式，运用美的法则，通过点线面体的构成，对分割和比例的把握、面料材质的统一或对比，来修饰和美化人体，塑造出理想的着装效果。装饰的手法、部位、工艺多种多样。从手法上来说，有抽褶、编结、拼接、轧褶、打磨等，例如，三宅一生的褶皱服装就是用褶皱在人体上形成的独特线条来修饰人体，表现出"软雕塑"的风格，有建筑的痕迹。从装饰部位来说，有领部装饰、肩部装饰、胸部装饰、腰部装饰等，军装就是通过强调领和肩的装饰塑造出军人挺拔刚毅的形象。从装饰的工艺上来说，有镂空、钉珠、刺绣、滚边等，比如CHANEL的经典套装就是通过对服装边沿的强调塑造稳重幽雅的感觉。

2. 道德礼仪作用

人的行为都会受到社会或社会群体的影响，人与人之间和睦相处，精神交流，保持礼节，显示个人品德，表示尊敬，展现风度礼仪等都需要选择合适的服装。由于很多的原因，人们缺少机会深入地沟通，服装是最直观的形象，很多人都是通过对方的着装来判断对方的背景、性格。这就是为什么第一印象十分重要的原因。

图1-3　服装展示

3. 标志象征作用

“物以类聚，人以群分”。特定的群体，为了标志其地位、身份、权威、阶级、职务和行动而穿着特殊标志的服装。在民族服装中，人们可以一眼辨认出属于苗族或蒙古族的服饰。时间和地域的差异导致不同民族、种族显示权利、区分性别的形式都不一样。在现代社会中，因分工明确和维持社会秩序的需要，表示着装者的所属、职业、阶层、任务和行动，由其特定的服饰来明确加以区分。这类衣服主要有制服、职业装、团体服，以及用来细分的肩章、徽章、臂章、饰带等标志物，着装者没有自由选择的余地，必须按部就班。例如，酒店的制服就分为领班服、门童服、经理服、迎宾服等，而且不同岗位的服装有系列感，但是款式设计不一样。

4. 模拟乔装作用

服装还具有模拟乔装的功能，用于乔装改扮的衣服（如戏服）可以称为伪装，用于乔装改扮的饰物可以称为伪饰舞台服装、变装、伪装服、伪装具等。由于服装具有一定的标志作用，人们往往通过改变着装来改变自身的角色。《林海雪原》中的杨子荣就是通过乔装改扮成土匪，打入敌人内部。我国某些狩猎民族至今还戴兽角、兽头帽，在脸上涂抹以装扮成野兽，以期不引起目标的注意。四川的“变脸”戏法存在着大量的假面具和假装，它们都是用来假装的道具。

## 第三节 服装的构成要素

服装是一门综合性的艺术，是材料、款式、色彩、结构和工艺诸多方面的结合。款式、色彩、材料是服装最主要的构成要素。其中，款式相当于服装的“形”，色彩相当于服装的“色”，材料相当于服装的“质”。形、色、质三个方面共同构成了完整的服装。服装的构成要素分为两类：物理构成要素和设计构成要素。

### 一、物理构成要素

服装物理构成要素是服装“物”的性质，可以从服装“有形”的角度来理解，它主要解决服装“用什么”的问题。在服装的三个主要构成要素中，材料是服装的物理构成要素。

材料是服装的物质载体，是体现设计思想的物质基础和服装制作的客观对象。没有服装材料，服装就成了无本之木了。不断涌现的高新材料激发设计创作的灵感，改变服装的外貌。材料的发展影响流行的趋势，当某种材料契合了流行的规律、符合人们的新需求时，其必定能得到青睐而被大量运用。在服装实际中，重要的是对材料进行再加工与再创造，表现出独特的外观效果。材料的表面特性以及由此而产生的感觉叫材质效果，也叫织物的质地。服装材料主要包括面料和辅料两类：

1. 面料

面料是服装的外层材料，决定了服装的质地。面料是服装制作工艺的载体，是判断一件服装质量好坏的标准之一；面料的价格也直接影响服装的价位。面料在视觉上是最直接的，随着服装设计领域的不断拓展，设计师和消费者对面料都提出了更高的要求。我国每年都会举办各种各样的服装面料展览，阵容庞大的展览为行业内的交流沟通提供平台，为广大的客商提供了所需要的面料，还为服装相关从业人员提供相应的流行讯息。服装面料可以从悬垂性、柔软性、保型性和可塑性方面来评判，根据不同的设计需要选择适合的衣料，用不同质感和色彩可以表现出不同的效果。服装面料的“混搭”概念不仅体现在设计中，还体现在人们的着装方式上，不同质料的款式搭配在一起体现出一种多层次的穿法。服装面料可以从原材料、尺寸、织物组织、图案、用途、色彩、工艺、作用、服装性能等角度进行分门别类。

①从原材料上分。服装面料可以分为天然面料和化纤面料。天然面料是指用天然动植物纤维和矿物纤维作为原材料加工成的服装面料。植物纤维——棉（生棉、木棉）、麻（亚麻、黄麻、剑麻、苎麻）以及竹、稻梗等；动物纤维——蚕丝（家蚕丝、柞蚕蚕丝、山茧丝、栗虫丝）、兽毛（羊毛、山羊毛、马海毛、羊绒、驼绒等）以及羽毛、动物筋腱等；矿物纤维——石棉等。天然纤维制成的服装一般吸湿透气性好，穿着舒适。化纤面料也称人造纤维，是指用化学纤维作为原材料加工成的面料。化学纤维包括再生纤维、半合成纤维、合成纤维和无机纤维。再生纤维包括粘胶人造丝、铜氨纤维、变质人造丝、牛乳蛋白纤维、大豆蛋白纤维、玉米蛋白纤维、花生蛋白纤维等；半合成纤维包括醋脂纤维等；合成纤维包括尼龙、氨纶纤维、腈纶等；无机纤维包括玻璃纤维、岩石纤维、金属纤维等。化学纤维具备许多天然纤维没有的优

点，具有高强度和耐磨性、抗皱性、高弹性。锦纶的强度比棉高1~2倍，比羊毛高4~5倍；用化纤制成的衣服洗后不需要熨烫就很平整；用含氨纶长丝的面料制作的服装具有很好的拉伸性，符合人体的动作变化，经常用于运动装、紧身衣服的制作等。

②从尺寸上分。布匹的幅宽分为窄幅（40~73cm）、中小幅（90~91cm）、宽幅（106~115cm）、双幅（140~150cm）、特宽幅（160cm以上）;布匹的长度分为25cm、50cm、75cm等。

③从织物组织上分。有缎纹织物、平纹织物、斜纹织物、起毛织物、非织造布等。

④从原物图案上分，有本白织物、漂白织物、单色织物、雪花织物、条纹织物、格子面料、印染面料、花色织物等。

⑤从图案上分。有条子图案面料、格子图案面料、花卉图案面料、动物图案面料、卡通图案面料、静物图案面料、民俗风情面料和风景图案面料等，人们可以根据个人喜好来选择。

⑥从用途上分。可分为服用面料、家居用料、工业用织物、军用面料等。

⑦从色彩上分。有单色（红色、黄色等）、混色（彩条、彩格）。

⑧从工艺上分。有轧花织物、轧褶织物、烂花织物、轧纹织物等。

⑨从作用上分。有耐久装饰的表层材料、保暖爽滑的里料（色丁等）、防寒耐冻的填充材料（羽绒、棉絮等）、耐用的固定材料（纽扣、拉链、魔术贴、按扣等），还有附属装饰材料（徽章、织带等）。

⑩从服装性能上分。有机械性能（耐拉伸性、耐摩擦性、柔软性、弹性、耐撕裂性等）、保健性能（润湿性、吸汗性、透气性、保暖性、防水性、防辐射性、防风性等）、感觉性能（手感、触感、视感）、形态性能（稳定性、立体性、伸缩性、方向性等）、饰体性能（悬垂性、光泽感、包缠性、遮盖性、可塑性）等。

2. 辅料

辅料是辅助面料共同完成服装的物质材料，是服装实用和审美功能得以实现的物质保障。适当的辅料可以更好地实现服装的服用性能，塑造、美化服装的外形。在西装的制作过程中，仅胸衬就超过了五种材料，如纸衬、丝衬、麻衬、黑炭衬、马尾衬等。除了衬，服装辅料还包括里料、缝纫线、固定材料等。

①里料。俗称里子布，用于服装的里面，起到加厚、保暖、加固的作用，如色丁布等。

②缝纫线。通常用于缝合工艺，例如牛仔线、丝线、棉线等。根据面料的厚度和材质选用合适的缝纫线。

③固定材料。服装的固定材料有很多，如纽扣、拉链、魔术贴、风纪扣、按扣、绳带等。

④衬料。帮助服装塑型和定型，如胸衬、领衬等。

选择面料和辅料要考虑质量和流行的因素，好的质量成就好的品质，也是评判服装的档次的标准之一，如在挑选面料时要考虑色差、毛疵、丝缕、布面光洁、原料成分、有无抽丝等问题。仅有好的质量还是不够的，服装的流行因素同样重要，面料的色彩、工艺、触感、悬垂性、重量感都是消费者关注的，所以只有当服装面料符合流行趋势的发展且吻合设计意图时，服装才能具备巨大的市场潜力。

**二、设计构成要素**

相对于服装的物理构成要素来说，服装的设计构成要素主要是从服装“无形”的角度来理解。服装的设计和制作从根本上来说是一种方法，即解决“怎样做”的问题，包括怎样设计和怎样制作两个方面。设计构成要素主要包括服装的设计和制作两个方面：

1. 设计

设计是服装产生的第一阶段。设计将抽象的形象思维通过一定的艺术形式在平面上表现出来，是服装材料选择和服装工艺制定的依据。服装设计不仅包括服装款式的设计，还包括服装色彩设计。款式是服装的造型，是服装的基本框架；色彩体现服装给人的视觉感受。造型和色彩互为补充，造型离不开色彩，色彩的选择要依据造型的需要；选择恰当的色彩能为造型锦上添花，不合适的色彩则会削弱服装的整体效果。白色给人纯洁、清新的感觉，适合用于婚纱等服装；而黑色给人肃穆、沉重的感觉，用于婚纱肯定大煞风景。在选择造型和色彩时，要以达到最终的服装效果为目的。但由于实际情况不同，先确定款式再确定色彩，或先确定色彩再进行设计，都是可以灵活处理的，造型和色彩可以相互加强，也可以相互减弱。

①款式

款式就是服装的外形。款式设计是服装设计的主要内容，它依据人体的特点，设计出适合人体活动和穿着的服装样式。服装的设计不仅受到人体本身特性的限制，还受到穿着时间、地点、条件等因素的限制。在正式的场合，应当穿着比较庄重的服装，如西装、套装、套裙等；郊游时，穿着比较休闲、宽松随意的款式会有助于活动；在运动健身时，身体的动作幅度大，选择运动装有利于身体的伸展，否则会在生理和心理上都产生不适的感觉。

服装的款式经过历史的积淀，可以归纳为X型、Y型、H型、S型等。设计师要根据着装对象的体型设计合适的款式，和谐、恰当的比例和分割不仅能修饰人体，还能给人以美的享受。例如腰细臀宽的女性，采用X型收腰放摆的款式会加强着装者的身体特征，给人幽雅的感觉。

②色彩

不同的色彩带给人不同的视觉和心理感受。例如，红色热情奔放，白色纯洁清新，黑色庄重肃穆，蓝色宁静安详。色彩也像人一样有着各自鲜明的个性，织物缤纷的色彩和不同的搭配都能给人以不同的视觉和心理感受，从而产生不同的联想和美的感受。在服装设计的过程中，一件衣服往往涉及很多色彩的搭配，搭配的方法多种多样，但一般都要遵循和谐、统一的原则。邻近色或相似色的搭配能起到统一的作用，同样，对比色通过降低纯度或明度也能达到和谐的色彩效果。色彩的选择不仅要依据所表达的内容，还要结合流行趋势和设计目的等因素，设计者需反复推敲，找到最恰当的色彩语言。好的色彩搭配还能激发人们的购买欲望。

图案是一种装饰艺术，是服装色彩的一部分。图案的风格很多，手法也多种多样。服装上的图案，按照形式可以分为印染图案、刺绣图案、镶拼图案、手绘图案以及面料本身的图案等；按照素材可以分为植物图案、动物图案、人物图案、风景图案、静物图案以及多种素材结合的综合图案等；按照构成形式可以分为单独图案和连续图案等；按照构成空间可以分为平面图案和立体图案；按照图案在服装中的视觉效果来说，可以分为点状图案、线状图案和面状图案。装饰的部位不同，产生的效果也不一样。

2. 制作

制作是实现设计构思的手段。服装制作是将设计构思和服装材料组合成实物状态的服装的加工过程，即服装产生的最后步骤。由于设计是一个最初级的构思阶段，是一个模糊的大框架，制作在这个大框架的基础上，不断将构思具体化，实现设计从平面到立体、从二维到三维的转变。从某中意义上来说，制作也是设计，是对设计的完成和完善。没有制作，设计和材料就是一盘散沙，不可能成为服装。

制作包括结构的设计和服装工艺，结构对设计意图进行工程和逻辑推理，并通过纸样、图纸等表达。结构和工艺相辅相成，在设计结构的时候要考虑工艺的要求，比如用包缝工艺时只需要0.5cm的缝头，而不是按照平缝工艺放1cm缝头。精湛的工艺是衡量服装质量好坏的标准之一。在生产过程中，具体的缝制部位对工艺都有具体的规定，比如缝纫线的粗细颜色、针距、针数、使用的机器等。

3. 服装三个构成要素之间的关系

服装的三个要素之间互为补充，相辅相成。服装是很多人共同合作的结果，每个环节都至关重要，这也是现代分工明确的特征。不要片面地认为设计更加重要或是制作更加重要，粗糙的做工和劣质的面料会让再好的设计都黯然失色；老土过时的款式不论多好的面料和做工也不能吸引顾客。在服装产生的过程中，只有协调好设计、材料和做工三个方面的关系，才能塑造出理想的服装效果。

# 第二章 服装设计

服装产业是国民经济的重要组成部分，是我国最大的传统性出口产品之一。依据人们的生活方式，服装设计不仅对衣服本身进行设计，还对人们的着装方式进行设计，以满足人类生理和生活等方面的需要。服装设计的发展对于整个服装行业的发展有着重大的作用。

# 第一节　服装设计的界定

## 一、设计与服装设计

“设计”是指将构思和思维物化的过程，与中文的“设计”相对应的英语词汇是DESIGN。这个词语来自拉丁语的DESIGNARE ,原意为用记号来表现计划。相应的法语词汇有DESSEIN，DESSIN；德语有ENTWURF；意大利语有DESEGNO。了解设计的概念有助于理解服装设计的定义。

服装设计是以服装为对象，运用恰当的设计语言，实现设计从平面到立体着装效果的创造性行为。服装设计是艺术设计的一种形式，“艺术是一种有意味的形式”，在这一点上，服装设计与艺术设计具有某些相同的特征——两者都注重形式。但服装设计不像艺术创作那样可以天马行空、任意想象，还要将形式与内容相结合，综合考虑生产加工的条件以及结构是否具有合理性等因素，从这点上来说，服装设计又有其自身的特性。

## 二、服装设计的特性

服装设计的特性体现在两个方面：以人为本和以社会为基础。

### 1. 以人为本

服装设计是“以人为本”的设计，脱离了人这个中心，服装就失去了根据。“服装是人的第二层皮肤”，服装设计受到人体的制约，好的服装可以扬长避短，修饰和美化人体。比如，喇叭裤让腿粗的女性显得腿细而修长；泡泡袖的服装能拉长横向的视觉，让肩窄的女性头与身体的比例更协调；而“帝政样式”将腰线提高到胸下，拉长了下身与上身的比例，掩盖了下身短的缺点。

以人体为根本出发点，服装的功能可以分为实用功能和审美功能两种。实用功能起到补助人体机能和防护外来伤害的作用，审美功能起到装饰人体、道德礼仪、标志象征和模拟乔装的作用。由于受到政治、经济、文化等诸多因素的影响，不同时期的人们对这两个功能的要求不一样。新中国成立初期，由于经济条件的限制，服装面料的短缺使得人们更注重服装的功能性，服装款式和色彩比较单一。现代服装设计不存在这样的问题，经济政治的发展影响了人们的思想意识。除了基本的保护功能以外，人们对服装的审美功能要求越来越高（从过去的“红装热”到现在的百花齐放）。形式是服装美的表现，对服装形式的重视推动服装款式不断推陈出新。

### 2. 以社会为基础

服装的目的是创造美，因此从服装的精神性上来说，服装具有修饰人体、美化生活的作用。作为艺术设计的一种，服装设计应当遵循整体的设计原则，把握总体效果，运用恰当的设计语言达到完整的服装效果。现代服装设计要求服装产品具有整体感，系列风格一致，款式之间易于搭配。服装设计的对象是人，服装设计要深入了解设计对象的生活环境和生活方式，有的放矢。

## 第二节 服装设计的审美法则

### 一、美的界定

美是在特定的条件下对某个对象的感受。感受具有直观性和主观性。人的感受包括感觉和心理感受。感觉诸如视觉、听觉、嗅觉和触觉，有一定的感知对象和途径。视觉是以眼睛为途径对图像或画面等进行感知，而心理感受则受到经济、政治、文化、观念等潜移默化的影响，不同的人对同一个事物产生的心理感受不同。

美的标准因时间、地点和人而异。唐朝以胖为美，现代则以自然健康为美；泳衣在沙滩上很美，但是要穿在大街上恐怕会招人非议；有的人会觉得红色很艳俗，有的人却觉得很时尚，这就是由于美的标准和角度不一样所产生的结果。但是美的标准不是一成不变的，“朋克”服装流行以前，很多人都认为这种装扮怪异，难以接受，随着人们思想的改变，对“朋克”的态度也改变了，越来越多的人接受了“朋克”，使其最终流行起来。所以，意识形态影响着人们对美的判断标准。

有的美大家都能感受，例如好看的花和美丽的风景，但一棵草、一捂土的美，就不是所有的人都能领略的，还需要一定的文化修养和内心深度。所以审美水平需要训练，要热爱生活，用心去感受周围的事物。

### 二、服装的审美

服装的最终目的是创造美，但很多时候人们不知道如何去判断服装究竟美不美。对大师设计的服装效果图或服装，初学设计者常常会感到困惑，无从下手，不知道从什么角度去欣赏、用什么标准去衡量。判断服装的优劣好坏，可以从以下几个角度入手：

1. 服装设计的衣服美

衣服美可以分为六个方面：形体美、流行美、色彩美、结构美、材质美和工艺美。作为物质衣服本身就具有独立的美。构成衣服的元素合理分布在衣服中，形成了衣服的美。

①形体美

服装设计以人为本，人体是服装设计的根本出发点，那么围绕服装进行的设计应当表现出人体的美感，这也是评判服装美的一个标准。由于人体本身是不完美的，存在着各种各样的缺陷或不足，服装理所当然承担起修饰和美化人体的责任。但是人体美的标准也是在不断变化的，服装设计也要符合当时社会上流行的人体美的标准。比如在认为丰胸细腰美的时代，紧身胸衣被大多数人穿着，它是美的和流行的；现代社会追求自然的健康美，人们更愿意穿着宽松舒适的服装，那些过于束缚人体的款式让人难以接受。

②流行美

被多数人接受的才能称为流行，流行的不一定是漂亮的，但在流行期间能让人关注，引起共鸣。

③色彩美

色彩具有直观性。色彩要远观才能从整体上把握。色彩可以影响轻重感、季节性、明暗感、伸缩感，不同的色彩能给人不同的感受。服装审美要从颜色搭配上来整体考虑，和谐的色彩搭配给人美的享受。

④结构美

服装结构不仅要满足一定的实用功能，还要满足审美功能，服装的结构线既要考虑人体的活动需要，还要从形式美角度使服装具备较高的审美价值。比如，在设计省道时，省的位置、形状都能影响服装的外观效果。

⑤材质美

好的材料是服装质量的评判标准之一。好的设计离不开好的材料，材料与款式、色彩的合理搭配能增强服装的效果，很多好的设计都是以质取胜。近年来，服装材料的发展日新月异，面料向新颖、功能性良好、触感良好等综合效果方向发展。

⑥工艺美

精湛娴熟的做工可以提升服装的品质。服装的工艺不仅包括设计服装形态的技巧，还包括装饰技巧，如钉珠、刺绣等都能提高服装的审美效果。

2. 服装设计的着装美

服装设计不仅是对衣服的设计，还包括着装方式的设计。着装美包括三个方面：着装方式美、服饰美和化妆美。

①着装方式美

着装方式的不同影响服装的效果，把内衣穿在里面和内衣外穿就会产生两种截然不同的效果，给人不同的感受。一些服装有其固定的穿法，如西装、职业装、军装等。现代更多追求服装的多种穿着方法，搭配出不同的风格，表达自己的个性，以期获得不同的美感。

②服饰美

恰如其分的服饰能起到锦上添花的作用。服饰不仅具有实用功能，还具有审美装饰的功能。围巾在冬天能保温，还能点缀美化服装。服饰还包括帽子、首饰、鞋履、箱包等。

③化妆美

化妆一般包括面部的修饰和发型的搭配。面部的妆包括对眉、眼、嘴唇等部位的修饰，使用工具包括粉底、眉笔、眉夹、眼影、唇膏、腮红等。“士为知己者死，女为悦己者容”，化妆打扮的目的是为了给人留下美的印象。

3. 服装设计的人体美

服装设计的人体美包括体形美、身体的部位美、皮肤美、姿态美和动作美。

①体形美

体形直接反映了人的高矮、胖瘦、比例等。但是在设计之前，需要通过对人体各个部位进行测量才能更准确地认识和掌握。比例协调是最重要的。

②身体部位的美

身体是由很多部位组合而成，每个部位的大小形状都能影响人的外貌。身体的部位虽然小，但是一双纤细的手足以让女性自豪。

③ 皮肤美

现代人追求自然健康的肤色，注重皮肤的保养。虽然白的皮肤好搭配衣服，但是没有白皮肤的人也可以根据肤色搭配出恰当的服装，很多服装甚至穿在黑肤色的人身上比穿在白肤色的人身上效果更好，因此很多设计大师都喜欢用黑色皮肤的模特。

④姿态美

姿态不仅能表现人活动的身体状态，还能体现出人的心态。一个回眸，一个转身，都是人的姿态，人体写生就是通过对人体的各种姿态进行描绘，用艺术语言诠释人体的美。例如，在电影《花样年华》中，张曼玉用各种姿态表现出丰富的内心世界和难以言传的内心独白。

⑤动作美

美的动作应当是协调的、优美的。笨拙慵懒的动作并不见得有多美。动作的美也是需要训练的，小提琴手幽雅的动作是靠对音乐的领悟发出的，模特在台上的一举一动都张弛有度，这些都是经过长期训练积累的结果。训练不是矫揉造作，“腹有诗书气自华”，只有拥有浓厚的文化修养、丰富的思想内涵才能让动作体现出真正意义上的美。

4. 服装设计的内在美

衣服是一个外在的形式，可以扬长避短、美化人体。衣服可以反映一个人的学识、地位、修养和品位，具有标志作用，所以人们也往往被它蒙蔽，如“只认衣衫不认人”的现象。服装并不能完全体现一个人的真实面貌，在认识评价一个人的时候不能“以貌取人”。服装设计的内在美包括两个方面：智慧美、涵养美。

① 智慧美

人们常用“才貌双全”来赞美一个人，这里的“才”就是一个人的智慧。智慧是看不见摸不着的，只有在一定的环境中才能体现出来。“知识是人类智慧的结晶”，一般认为，知识就是智慧，在很多时候，人们体现出的智慧是建立在对知识的长期积累上的。

②涵养美

涵养美与智慧美不同。涵养不仅需要知识的积淀，还要用心去感受周围的事物，丰富自己的内心世界，拥有善于发现美、表现美、保持美的心态。

# 第三节 服装设计的分工

## 一、服装设计与服装设计的分工

1. 服装设计

服装是一门综合性的艺术。设计是服装产生的最初阶段，是后期选择服装面料和制定工艺手段的依据。离开了设计，服装就会缺少最直观和准确的表达语言，处在游离的状态。设计师一般通过效果图来表达设计意图。效果图从大的方面可以分为写意和写实两种。写意的服装效果图可以对人体和服装进行夸张，注重画面的艺术审美性；写实的服装效果图可以对人体和服装进行比较真实的描绘，准确表达服装的着装效果。

2. 服装设计的分工

在工业大生产以前，服装生产是以小作坊的形式进行，分工不明确，设计师、版师和样衣师通常都是一个人。工业大生产促进了社会分工的发展，现代服装设计包括款式设计、结构设计和工艺设计等三个部分。为了更好地协调工作，现代的服装设计师也需要了解服装的结构和工艺，一定条件下还需参加结构设计和工艺制作。在规范的大服装企业中，分工明确，责任细化，有专门的设计师、版师、样衣师。有很高造诣的设计师也会同时从事多个品牌或多种风格的设计，如Karl Lagerfeld（卡尔·拉格菲尔德）就同时为FENDI（芬迪）、CHANEL（夏奈尔）和以他自己名字命名的Karl Lagerfeld 做设计。

就像夏奈尔说的那样：“潮流不断在变，但风格永存”。服装的整体风格不是一朝一夕形成的，尤其是品牌服装设计，要求设计师具有很强的设计能力和风格把握能力，不仅要了解服装的定位、风格、款式、面料，还要根据流行不断创新，把新的元素融入设计中，既保持服装原有的风格，又要符合流行趋势。

服装设计分工主要包括三个方面：款式设计、结构设计和工艺设计。

① 款式设计

款式就是服装的外形。款式设计是服装设计的主要内容，它依据人体的特点，设计出适合人体活动和穿着的服装样式。款式设计不仅受到人体本身特性的限制，还受到穿着时间、地点、条件等因素的限制。在正式的场合，人们一般穿着比较庄重的服装，如西装、套装、套裙等款式。

款式设计包括两部分：服装造型设计和服装色彩设计。服装造型设计是服装的大框架，是服装材料和制作工艺的基础；服装色彩设计是服装的色彩表现，给服装造型和服装材料提供依据和参照。造型是“皮”，色彩是“毛”，“皮之不存，毛将焉附”。所以造型是设计的基础，有了造型，还需要漂亮的色彩点缀装饰才能交相辉映，实现设计的理想效果。

就服装的款式来说，可以分为男装设计师、女装设计师和童装设计师；按照职责不同，版师、工艺师也有相应的分工。

② 结构设计

结构设计是服装设计与制作之间的过渡阶段，是对设计构思进行工程和逻辑上的实现，结构设计的好坏直接影响设计的成败。结构师一般就是打版师，打版师虽然不会用效果图表现，但只要有一些语言的描绘，他们也能根据丰富的经验打出好的版来。版师也和设计师一样对比例和形体具有敏锐的洞察力，很多优秀的版师只要看一眼实物就能打出理想的版。版型的优劣是判断版师水平高低的标准。在条件有限的工厂，结构师也兼任设计师。

③ 工艺设计

工艺设计是运用文字、符号、图表、规范等制定工艺流程的工程性逻辑思维。工艺设计的任务是将结构设计的结果合理地安排在生产规范中。工艺设计是整个设计具体实现的环节，起到指导生产和保证品质的作用。服装工艺设计的内容包括产品尺码号型、工艺流程、辅料的选配、固定材料的位置和数量、缝纫工艺和使用设备、工序和工时计算、质量检测标准制定等。工艺设计要灵活考虑工序间的配合关系，合理优化时间，提高生产效率，降低成本。

## 第四节 服装设计的作用

服装设计属于产品设计，为人类提供了最基本的生活用品，满足了人们生理和心理上的需求。服装设计对于衣服设计本身、服装的生产制造以及人们的着装方式都起到了很大的作用。

1. 服装设计是服装产生的第一个阶段，设计的好坏直接影响服装的外观形式和最后效果，设计是服装的“灵魂”。服装设计师通过绘画形式表现出服装的款式、色彩、面料、质感，勾勒出人体着装的整体效果，将抽象的形象思维变成具体的图像符号，清晰地传达设计理念和设计意图。

2. 服装设计对服装的产生具有指导作用。设计师以绘画形式绘制出服装效果图，是材料选择和工艺制定的依据。一般来说，服装的最后效果要以达到效果图为标准，这就要求从款式到面料、从色彩到工艺细节都要遵循效果图，不能异想天开。在服装设计大赛中，评委总是将选手的实物与入围效果图比较，实物越接近效果图，就说明选手整体效果的把握能力越高。效果图不是一个摆设或一个装饰，一个好的设计师应该学会忠实于自己的想法和构思，竭力实现效果图中的服装效果。但是，由于各种条件的限制，实物总是和效果图有一定的差别。

3. 服装设计不只是对衣服的设计，还包括对人们着装方式的设计。着装方式是人们搭配服装样式的方法，不同的着装方式给人以不同的视觉和心理感受。着装方式受到经济、政治、文化、习俗、历史变迁的影响，在一定程度上也反映了人们的生活方式和思想观念。现代人的生活节奏很快，工作生活的压力大，因此喜欢随意轻松的着装方式。

# 第五节　服装设计与其他设计的关系

## 一、设计的概念

从广义上来说，人类所有生物性和社会性的原创活动都可以称为设计。从狭义上来说，具有功能性、艺术性、相应的科学技术含量和确定的经济意义的设计，是有明确限定的狭义设计，在这里我们讨论的是狭义的设计。

设计的本质就是有目的地解决问题的行为，具有明确的目的性与计划性。设计不只是指视觉上可以感知的形和色，像使用方法、思维方式等看不见的部分也属于设计的范畴。

设计考虑的因素有设计对象、设计目的和设计方式。设计对象就是“为谁设计”的问题，是设计的首要条件，把握设计对象的性格、年龄、习惯、生活环境、审美方式、身份地位等信息，有助于更好地满足设计对象的生理和心理需求。设计目的就是“为什么设计”的问题，一方面，设计的目的是为了满足设计对象的需求；另一方面，设计能美化生活，改善人类的生存环境，提高人们的生活质量。设计方式就是“怎样设计”的问题，包括设计的材料选择、设计手法的选用等，设计方法不仅能改变设计对象的外观形象，还能改变人们的生活方式。

设计具有艺术特征、科技特征和经济特征。

## 二、 设计的种类

设计包含的领域非常广，从工业到农业，从经济到政治，从生产到消费，从室内到室外，人类生活的方方面面都会涉及设计。要将众多的设计类型进行整理和归纳非常困难，但是如果按照川添登的方案，从人与社会、人与自然、自然与社会的关系的角度来划分就一目了然。

人类为了在自然界中生存，有一种本能的保护需求，通过设计和制作工具达到防护的目的，而制造某种特定的工具的过程就是产品设计的过程。服装对于自然来说是一种防寒暑、保护肌肤的工具性装备，所以服装的设计属于产品设计的范畴。人不仅生活在自然环境中，还生活在社会的环境中，人为了和其他人沟通交流，传达信息，就要使用一定的信息传达的工具，这就是传达设计的范畴。服装对于社会来说，可以反映个人的性格、地位、思想、文化等信息，属于传达设计的范畴。同时，在自然与社会之间就是人们生活的环境，服装也是构成环境的要素。设计可以分为三个部分：产品设计、传达设计和环境设计。

### 1. 产品设计

产品的功能、造型和物质技术条件是产品设计的三个基本要素。功能是指产品具有的某种特定功效和性能，造型的设计要依靠对功能的认识和把握，是功能的表现形式；功能的实现和造型的确立需要有一定的物质载体，并需要能实现造型和各种功能的方法和条件，这种方法和条件包括技术、工艺和设备，这些就是产品的物质技术条件。产品设计具备五个方面的要求：功能性、审美性、经济性、创意性、适应性。产品设计分为手工艺术设计、工业设计两类。

服装设计属于产品设计的范畴，因此产品设计的要求也直接影响服装设计的要求。

2. 传达设计

传达设计是指在创造过程中，设计者借助一定的物质载体及形态构成来实现构思成熟的形象体系，将内在艺术思维转化为具象的实体，转化为可供人类欣赏的外在审美形象，是设计者实践性的艺术能力的表现。

在定义视觉传达的概念之前，必须先了解“视觉符号”与“传达”这两个概念。广义的符号，是利用一定媒介来替代或指称某一事物的东西。符号是实现信息贮存和记忆的工具，又是表达思想感情的物质手段。“传达”是指信息发送者向接受者传递信息的过程，它包括人与人之间、人与自然之间、人与社会之间以及人体内的传达。传达思维和语言交流都离不开符号。作为传达设计的一种，服装设计通过服装的色彩、图案、面料等符号来传达信息。

3. 环境设计

黑格尔曾把古希腊服装比做“一座人能在其中自由走动的房子”。服装是一个由服装材料构成的空间。

**三、设计间的关系**

不同的设计类型造就了一种百家争鸣的繁荣景象，每种设计类型都有其特殊的实用和审美功能，都在遵循一定的设计原则下，极大地满足了人类生理和心理上的需求，改善人类生存和生活的条件。产品设计、传达设计、环境设计三者相辅相成，缺一不可。不同的行业之间应该相互借鉴，共同进步。对于服装行业的从业者来说，了解各种设计之间的关系有助于设计创作，有利于打破思维局限、拓宽设计思路。很多设计大师都通过借鉴其他设计形式并将其融入设计中，形成自己独特的设计风格。如三宅一生的褶皱服装就是借鉴建筑元素，形成独具特色的“软雕塑”服装风格。

1. 服装设计与其他设计形式的共性

服装设计和其他设计形式就有着很多的共性。从构成方法来说，都使用了空间、物质、肌理、线条、光线和色彩等设计元素，并遵循规格、比例、统一、变异、重复、节奏、平衡、和谐、夸张、对比等设计原理。它们都是一定的意识形态和审美理想在其形式上的反映；都是源于人们的内在需要；都是人类行为的最初形式；都起到了保护和满足人类最基本自然需求的作用；都与文化及艺术有着密不可分的关系；在不同的文化背景下，人们形成了各自独特的社会心态 ；都受到各类艺术思潮的影响 ；都具有时代性和民族性；社会政治的变化与社会经济的发展程度直接影响到这个时期内的审美特征 。

2. 服装设计的特性

就使用材料来说，服装一般使用纤维纺织等服用材料，并要借助人体的支撑，离开了人体的服装就失去了意义；就环境设计角度来说，服装是个人的、最私密的，是可携带的环境，而其他环境设计如建筑是趋向于公共的、固定的环境；就传达角度来说，服装是以面料、色彩、细节工艺等作为自己的语言符号来传达信息，而其他设计形式如广告设计则是利用声音、文字图片等来传达信息。

# 第三章　服装设计师

顾名思义，服装设计师就是从事服装设计的人。由于服装设计属于产品设计的范畴，所以服装设计师也是产品设计师。

## 第一节　服装设计师的基本条件

成为服装设计师的基本条件包括三个部分：知识构成、技能构成和物质构成。

**一、知识构成**

服装设计是一门渗透着学科交叉的应用性学科。服装设计不是孤立的，它与自然学科、社会学科、人文学科都有一定的联系。我国的许多服装院校开设的服装课程直接涉及营销学、管理学、行为学、思维学和人体工程学的内容。掌握全面的专业知识，是做好设计的基础和前提条件。然而，很多的设计师因为缺乏对设计事业的深入了解，准备不够充分，会遇到很多的挫折，走了很多弯路。有的人虽然叩开了设计之门，并且取得了一定的成绩，但要取得更大的成就还要付出更艰辛的努力。服装设计师的知识构成主要包括七个方面：善于捕捉人体美、全面的专业知识、文化底蕴、人际沟通能力、把握流行、借鉴发挥能力和市场经验。

1. 善于捕捉人体美

善于发现服装和人体的美是一名合格的服装设计师应当具备的首要条件。服装设计需要设计师投入极大的激情，才能不断创新，实现自我超越。一个善于发现美的人，必定也是一个热爱生活的人，会用一颗感激的心来看待周围的事物，这也是提高审美水平的最佳途径。而一个不能认识和发现美的人很难有创造美的激情。角度不同，评判人体美的标准也不一样。有时候，人体的一个动作、一个姿态都能激发设计师的创作灵感。

2. 全面的专业知识

服装设计师与艺术家既相似又不相同，两者都是通过一定的艺术手段来表现设计意图和构思。但是作为产品设计的一种，服装设计还受到设计对象、设计目的等因素的约束，要兼顾形式与内容，不能过于重视形式而忽视了内容；服装产品最终要接受市场的检验，离开内容的形式是“纸上谈兵”，不切实际。掌握全面的专业知识是设计的前提条件，一个只懂效果图而不懂服装结构和服装工艺的设计师，只能被称作绘画师而不能成为好的设计师。

服装设计的专业知识是指与服装专业有关的学科中的内容。美术基础、服装结构和工艺、材料是主要的专业知识构成，良好的美术基础可以保证设计意图清晰明确地表现出来。美术基础可以通过素描、色彩练习来增强，美术基础训练是训练人体造型、色彩感受的过程，具备一定的美术基础，才能快速有效地提高效果图技法。

服装结构和服装工艺是设计实现的桥梁，掌握了这些基本知识，可以加深对服装的理解。设计师在落笔之前要兼顾美观与实用，要考虑设计的造型和分割是否可以制作出来，尤其是在企业生产中，分割和工艺的处理涉及生产成本、加工工序、生产效率的问题，复杂而不实用的分割和工艺会增加工序数量，增加操作难度，加大工人的劳动强度，拉长加工时间，不仅降低了生产的效率，还增加了服装的生产成本。所以在设计中，设计师要深谙结构和工艺的窍门，熟悉制作和生产的特点，尽量避免给生产加工造成不必要的麻烦。

"不积跬步，无以至千里；不积小流，无以成江海。"知识是依靠不断学习总结积累起来的，设计师要充分利用各种机会来提高自己的专业知识水平；不仅要专业过硬，还要博学多识，积累许多的实践经验，完成各种不同要求的设计。

3. 文化底蕴

文化底蕴就是一个设计师的内涵和修养。流行瞬息万变，设计不断推陈出新，各种各样的服装如雨后春笋般层出不穷，文化底蕴最终影响品牌服装的竞争，许多品牌昙花一现，就是因为缺乏文化底蕴的支撑。作为品牌服装构成的核心，设计师的文化底蕴直接影响了品牌服装的市场竞争力。

了解和学习服装史在一定程度上能够帮助设计师提升文化修养。很多设计师在长期的工作中感到才思枯竭，从而不断向民族、民间文化寻找灵感。设计师只有具备了深厚的文化底蕴，才能走得更远。

4. 人际沟通能力

服装设计是一个复杂的过程，服装从设计到制作完成不是一个人能够完成的，设计师要将构思准确地传达给版师和工艺师，不仅要通过效果图的图形表达，还需要经过语言的沟通和交流过程。具备娴熟的沟通技巧有助于信息的传达和实现服装的最终效果，有助于协调各个部门人员之间的关系，提高设计和生产的效率，节省企业成本。良好的沟通能力不仅需要清晰的图形表达能力，还需要设计师熟悉服装的结构和工艺，设计出的款式既要美观，还要适合企业的制作条件。否则，不懂结构和工艺的设计师会让版师和工艺师十分为难。设计师在平时要有目的地训练人际沟通的能力。

5. 把握流行

流行是服装美的标准之一。所谓流行，是指在一定历史期间，一定数量范围的人，受到某种意识的趋势，以模仿为手段采用某种行为、生活方式和观念意识时所形成的社会现象。流行首先是通过模仿和重复某些人的行为、意识和观念，在心理上取得相同的效果。服饰文化的流行现象反映了人们的世界观、价值观的转变。

服装的流行面很广，款式、色彩、面料、着装方式等都可以流行。消费者挑选服装的时候，会参考色彩、造型、质地、风格等方面的流行趋势来选择适合自己的服装。流行总是不断变化，设计师要具有敏锐的洞察力，善于把握流行的方向，提高服装的市场竞争力。

了解服装史有利于增强对流行的把握，服装的流行变化具有一定的周期性，服装的一些基本款式和元素会周而复始地出现。因此，设计师不仅要从现有的流行现象中来获取流行信息，还要积极进行服装历史和源流的探索，从而把握今后的服装流行趋势。

6. 借鉴发挥能力

借鉴是在遵循客观历史规律的前提下，对已有的事物进行参考并用于指导实践。服装设计的过程其实就是借鉴前人的成果进行式样的选择和重构。服装各种各样的式样都是前人智慧的结晶，是一笔宝贵的财富，对于设计师的成长有着很大的作用。牛顿就将自己的成功归结为“站在巨人的肩上”。借鉴不是抄袭和复制，也不是凭空捏造，设计师还要根据设计对象和设计目的进行创新。

7. 市场经验

作为产品设计的一种，服装设计产品最终要进入市场，接受市场的检验。如果对市场一无所知，设计的产品就卖不出去，从而造成大量的积压，使企业蒙受经济损失。

大多数英汉词典中“MARKET”与“SALE”的对译都是消费（动词），但是对现代人来说，SALE 代表的是一种传统的经营方式，即低成本、高效率的生产和竭力地推销产品；而 MARKET 代表的是一种新的营销理念，它从消费者的喜好出发，然后设法满足他们，并由此获利，这种方式背后的新观念就叫做市场观念（MARKET CONCEPT）。

市场观念要求设计师充分熟悉目标市场和目标消费群，可以对消费者的职业、工作环境和生活方式等着手调查，例如：消费者是骑自行车还是自己开车去上班？做什么工作？办公室有无空调？单身还是已婚？有几个孩子？收入水平怎么样？所有这一切都会影响消费者的选择。品牌服装一般都有自己的市场定位，市场定位不一样，产品的风格、价格也不一样。例如，有的公司同时推出高、中、低档价位的服装，以吸引不同层次的消费者。

## 二、技能构成

服装设计师的技能构成包括三个方面：效果图表达、工艺技能和完成服装的能力。

1. 效果图表达

服装效果图是设计师用绘画的形式表达服装穿着效果和设计意图的工具，是最基本的表现手法，如服装大赛选手就是通过效果图来传达设计构思。服装效果图是整个设计过程的第一步，是设计师与其他部门人员沟通的桥梁。效果图从风格上可以分为写意和写实两种，写意的效果图多出于审美和装饰目的，注重形式美感，表达设计的艺术感悟，是设计师“艺术情节”的宣泄；写实的效果图多出于实用性目的，更注重设计的内容。深厚的绘画功底有助于效果图的表达。电脑软件的强大设计功能可以帮助设计师更快更好地完成设计，掌握一定的电脑设计技能，是高速发展的现代社会对新一代设计师提出的要求。一般的实用绘图软件有 PHOTOSHOP，COREDRAW，ILLUSTRATOR，PAINTER等。

2. 工艺技能

工艺是指依靠外力使各种服装材料按照人的要求形成特定形态的方法，设计时要设计师手脑并用。工艺是服装制作的关键，选择不同的工艺会产生不同的视觉效果，许多工艺细节的处理都需要设计师亲手操作，才能达到预计的效果。许多设计大师如伊夫·圣·洛朗、皮尔·卡丹等都具备很高的工艺技能，夏奈尔亲手制作的帽子以造型幽雅、工艺考究而出名。

3. 完成服装的能力

“完成度”是服装最后效果完成的程度，是衡量一个作品好坏的标准之一。服装也不是一次成型，不仅要在效果图上清晰地表现，还要依靠结构工艺进一步完善，在这个完成的过程中，设计师应该像对待艺术作品那样对待服装，不厌其烦，耐心修改，不断修改完善，提高服装的完成度。

**三、物质构成**

如何将自己的设计才华和设计理念推销给市场，设计师往往会选择时装发布会的形式。但服装业是一项需要很大资金投入的行业，从购买材料到加工运输，从租借场地到招聘模特，从邀请媒体到广告宣传，从后勤接待到灯光道具等都需要资金，如果没有强有力的资金保障，其作品也只能是望洋兴叹了。设计师本身的名望是一笔无形的资产，可以以此来筹措资金兴办公司或举办发布会。著名设计师DIOR（迪奥）的成功就是一个很好的例证。第二次世界大战结束后百废待兴，纺织服装市场萧条，而迪奥已经敏锐地感觉到时装流行的趋势。他在棉花大王马赛尔·布萨克的资助下开办了自己的设计室，推出了新风貌（NEW LOOK）女装，女性味十足，轰动一时。所以说设计师要善于利用外界条件来表现自己的才华。

设计师要取得成功，资金是基础；自己没有资金，也可以凭借自身的才华和影响力获得他人的资助，找到通往成功的路。

## 第二节　服装设计师的心理条件

服装设计师的心理条件包括五个方面：职业精神、敏锐的洞察力、个性、创新意识和人格魅力。

1. 职业精神

也许有的人认为服装设计行业只要有了很强的设计能力就可以了，但是，“要做名师，先做好人”，作为一个人，要立身处世，还要具有一定的职业精神，人的品德、人格、修养和设计能力一样重要。“德才兼备”才是一个好的设计师，“德”是为人处世的态度。一个设计师，设计再优秀，如果人品不正，自私自利，难以合作，也不能得到同行的信任。

职业精神包括职业道德，即职业操守。设计师受企业所托就要忠于企业之事，不仅要出色地完成本职工作，还要为企业保守商业机密。好的设计师不只是完成规定的设计任务，还要精益求精，达到服装最完美的效果。“梅花香自苦寒来”，只有本着对设计的无限忠诚和具备锲而不舍的毅力，才能成为一名优秀的服装设计师。

2. 敏锐的洞察力

服装与人的关系十分密切，社会动态的变化、服装市场的走向、消费群体的审美观念以及心理倾向都会引起服装需求的连锁反应。潮流的更迭速度如此之快，如果缺少敏锐的洞察力和判断力，设计的产品不符合流行趋势，就会缺少市场竞争力，造成产品积压，给企业带来经济损失。设计师不仅要从直观的服装图片和资料中寻找信息，还要从纷繁庞杂的社会现象中寻找突破，善于分析把握变化的因素。

3. 个性

个性与共性相对，是个体表现出的与众不同的特性。具体表现为对相同事物的不同观念，独到的见解，新颖的设计理念和设计构思等。设计师要从众多的同行中脱颖而出，靠的就是个性。个性表现在服装上就是服装的风格，风格是设计师个性的标志，一旦形成了个人的风格，就可以让人一眼辨别出来。许多国外的设计大师都具有个人独特的设计风格，我们所熟知的日本设计师三宅一生的褶皱服装具有明显的“软雕塑”风格；高田闲三的服装色彩极其丰富华丽，具有浓厚的民族特色；夏奈尔的高级时装是高贵和优雅的象征。但是个性并不等同于好的设计作品，有的人唯恐自己的设计没有个性，企图以外表的极端化来博取他人对自己个性的认同，这是对个性的认识的片面和肤浅造成的。

4. 创新意识

服装设计师只有具备创新的意识才能不断挑战自我、超越自我。跟在别人后面亦步亦趋是无法实现突破的。许多设计师喜欢模仿自己喜欢的设计大师的作品，在学习的初级阶段这种模仿无可厚非，是必需的借鉴和参考，是设计师成长的途径，但是一旦习惯了模仿就会渐渐缺乏创造力和想象力，从而失去自己的个性。

设计中的创新包括服装材料创新、服装结构创新、服装款式造型创新、工艺手法创新和设计理念创新。

①服装材料创新

包括三个方面：材料本身的创新、常用材料的用法创新和不同材质的搭配创新。通过对服用面料表面进行处理，产生特殊的肌理效果，使之呈现出与以往不同的视觉效果，很多的服装院校也开设这样的课程，指导学生进行材料的再创造；使用一些平时不经常使用的材料，可以为设计注入新鲜的活力，尤其是在设计大赛中，新颖的材料结合、恰当的设计能让人眼前一亮，如刘洋曾经通过白纸的折叠，组合设计出一系列富有立体构成感觉的服装，引起轰动；材质的不同搭配会给人以不同的视觉效果，材质的厚薄粗细、色彩的冷暖深浅、光泽的强烈柔和都影响搭配的效果。例如，硬挺厚重的面料与轻薄的面料刚柔相济，丰富了服装的层次，两者相得益彰。设计师要善于把握各种材料的特性，学会运用材质的搭配制作出独特的视觉效果。

②服装结构创新

服装的结构创新建立在设计师对服装结构深入理解的基础之上，不是一般人可以做到的。人体是服装产生的依据，理解服装结构首先要理解人体结构。

③服装款式造型创新

一般来说，服装款式的创新并不容易，从服装产生的那一天起，各种各样的服装款式层出不穷，服装样式应有尽有。很多时候，设计师要借鉴和参考前人的款式，借鉴不是盲目地模仿或抄袭，而是有目的、有针对性地“取其精华”，使“物为我用”。

④工艺手法创新

新工艺的运用可以达到新的装饰和审美效果，新的工艺可以改变服装的制作方法、优化工序设计。现代设计更加注重工艺间的综合运用，例如印花与钉珠的结合、刺绣与钉珠的结合、机器加工与手工结合等。

⑤设计理念创新

设计理念是设计师用来指导设计的原则，不同的设计理念指导下的设计会产生不同的结果。设计理念的创新要打破传统，充分展示个性，有“朋克教母”之称的Vivienne Westwood的设计风格叛逆颠覆，完全不受世俗传统的束缚，是前卫派的极致代表。浪荡不拘的模样，图样血淋淋的T恤、假皮的灯笼裤，绝对抵抗到底的态度，就是Vivienne Westwood演绎个人品牌时的重要戏码。例如印满精神标语的T恤、撕裂的海盗服，Vivienne Westwood 为20世纪70年代的摇滚朋克与80年代的新浪漫主义作了明确的批注。当然，对传统的反叛不是荒诞无稽的，最终的作品如果不能得到社会的认可还是昙花一现。

5. 人格魅力

服装设计师的人格魅力（Charisma）是指一种特殊的个人魅力或感召力，具有人格魅力的人能赢得群众的热爱乃至崇拜。政治领袖、军人、艺术家和歌星常常具有这种魅力。设计师不仅要设计衣服，还要设计其他的东西——作品的展示方式、设计师的自我形象以及设计师的生活方式等。设计师通过设计作品来展示创造力，通过独特的形象展示个人魅力。设计师的个性形象不仅能够激发人们对设计师本人的好奇和崇拜，还能引起媒体的兴趣和关注，频繁的曝光率能够加深消费者对设计师本人和设计作品的印象。有名望的设计师就像影视明星一样时时引起人们的关注，也是很多设计从业者崇拜和模仿的偶像。许多消费者不满足于穿一件美观舒适的衣服，他们希望通过穿衣来崇拜偶像，由此来宣泄情绪，这种崇拜心理给许多服装公司带来了很大的发展空间和发展机会。

## 第三节　服装设计师的成长途径

### 一、服装设计大赛

在世界范围内，每年都会有很多的设计比赛，主办方可以是工商业机构，也可以是政府的有关部门和有实力的厂商。尚未成名的设计师可以通过参与服装设计大赛来扩大视野，在选手之间的相互交流中提高自身的设计水平；如果获奖，还可以提高知名度。世界上很多大师都是通过参加大赛崭露头角的。优秀的设计师脱颖而出，鲤鱼跳龙门，一跃而跻身为时尚领军人物，如为人所熟知的Yves Saint Laurent（伊夫·圣·洛朗）和Valentino (瓦伦蒂诺)都是由大赛而出名，瓦伦蒂诺曾经获得过时装界的“奥斯卡金像奖”——奈门·马科斯奖。

就服装设计的构思而言，可以分为两个大类：艺术类和实用类。前者注重设计师的想象力和创造力，可以运用各种手段来营造作品的视觉效果，造型可以十分夸张，不必过于考虑服装的实际功能。但是随着市场观念的深入人心，设计比赛越来越注重服装的实用功能，很多设计大赛就是以某个品牌的名义举办，旨在针对市场，挑选出好的设计作品，具有一定的功利性。

服装设计大赛包括综合类和单一类。综合类设计比赛要求设计师运用不同的材料进行设计，基本上对服装种类没有限定，男装女装都可以，如国内的“兄弟杯”、国外的奈门・马科斯奖、法国的“金顶针奖”、美国的科蒂时装评论奖等。单一类的设计比赛则会限制服装种类，从材料上可以分为裘皮服装大赛（“SAGA”毛皮饰边比赛），牛仔服装大赛，针、编织服装大赛（如“新西南羊毛”杯编织服装大赛、SONIA RYKIEL针织服装设计大赛），还有如“YKK”设计大赛就是针对拉链的功能进行创新设计；从性别年龄可以分为男装、女装和童装大赛；从服装的不同功能可以分为泳装设计大赛（如“浩沙”杯国际泳装大赛）、运动装设计大赛（如日本的MIZUNO体育运动服装比赛）、职业装设计大赛（如学生装设计大赛）、休闲装设计大赛（“真维斯”杯服装设计大赛）、婚纱设计大赛等。设计师就要根据不同的类别参赛，有的放矢。

**二、时装发布会**

时装发布会是时装工业的产物，正规的时装发布会要追溯到1910年美国中西部举行过的几次小型发布会。目前，人们公认的第一次发布会是1914年1月著名的《时尚》杂志在纽约举办的第一次发布会，命名为“纽约时装节”。时装发布会虽然是以视觉效果为特征的舞台活动，但是却有异于舞蹈表演、选美表演、健美表演和广告，它主要体现时装款式、色彩、面料和各种附属装饰品。时装发布会是厂商和市场、设计师与消费者之间沟通的桥梁和媒介。为了给新闻记者、订货者和消费者留下深刻的印象，时装发布会常常采用被社会心理学家称为“突显”的方法，很多设计师为了彰显其作品的与众不同，就使用一些奇特的造型来获得新闻媒介的重视，或者利用一些特别的舞台、灯光、音乐背景来烘托主题。

时装发布会的作用有三个方面：预示下个季度的流行趋势，包括款式、色彩、面料以及搭配方式等；宣传和扩大服装品牌或设计师以及服装企业的知名度，频繁的曝光率可以加深消费者对服装的印象，保持品牌和企业的竞争力；发布会是设计师和厂商、零售商以及消费者之间沟通的桥梁，很多零售批发商都是发布会的忠实观众，他们具有丰富的市场经验，为设计师对市场的把握有一定的指导作用。

发布会具有明确的商业宣传性，如巴黎高级女装发布会针对的消费者是各地的皇室贵族、明星权贵等。但是，时装发布不是时装展销会，它不仅向厂商展示设计师对时装流行趋势的把握和理解，还起到引导消费的作用。

时装发布会需要一定的资金投入，往往涉及一些细节问题。例如，事前要有详细的计划书、收支预算，以便布置场地、邀请媒体、试衣彩排等，尽量考虑得周详细致，才能取得较好的效果。

媒体对于企业、设计师和品牌的宣传有很大的作用，协调好与媒体的关系能有效提升知名度。新闻界包括电视、报刊杂志、电台和网络。一般来说，电视传播的速度最快捷。

**三、企业社会实践**

“实践是检验真理的唯一标准”，设计师的作品最终要接受市场的考验。从大的方面来看，服装可以分为定做的高级服装制作和成衣的批量生产。这里主要针对成衣的生产进行讨论。大型服装企业分工细化，权责明确，有专门的设计部门负责服装的设计工作；独立的制版部门负责服装的结构设计；工艺部门负责服装的后期制作，这些也是社会大分工的特征。小型服装企业由于条件的限制，分工不明确，对设计师的综合技能要求比较高，很多时候设计师不仅要设计，还要打版和缝制样衣。一般来说，由于服装具有时效性，因此服装的设计都具有“超前性”，一般即将推出市场的服装要提前几个月到一年时间准备筹划，许多国际上的大公司都是提前两年开始筹划准备。比如，冬季的服装一般在春夏季节的时候就已经开始设计和生产了，如果等到冬季再做就来不及。人们经常看到的发布会也是针对下一季或下一年的。

在企业的实践中，设计师不仅可以了解服装设计的全貌，还可以了解生产加工、市场销售等知识。一般而言，大的企业或公司都会聘请有丰富设计经验的设计师担任设计总监。在接到设计任务或设计合同后，设计总监组织设计人员调查市场、策划方案。方案一般包括服装的款式、色彩和面料。在这个过程中，设计师可以学到很多学校里学不到的东西。设计方案通过之后，要经过打版、试制样衣的环节将设计构思用实物的形式表现出来。一旦样衣被认可，就可以到车间批量生产加工。

生产过程不仅是服装批量生产的环节，很多材料的加工问题同时会反馈到设计师那里，有利于设计师提高对服装材料的认识和把握。生产环节包括了生产计划、物料清单、车间管理、定额管理、生产物流、生产日报、生产查询等。质量是服装美的评判标准之一。质量管理系统由质量系统定义、质量检验、质量控制和质量保证等四个部分组成。质量管理系统在设计时整合了国内外目前最先进的质量管理体系和技术（如：6 Sigma、ISO9000），质量管理系统穿插在企业业务管理的每一个重要的环节（IQC、IPQC、OQC）。运用质量管理系统将会提高业务生产过程的成品率、降低返工率、减少资源浪费，使企业最终能达到很高的质量水平，并可以大大提高客户满意度。

在组织设计开发和生产成衣的同时，销售部门也制订出一系列相应的促销计划，如举办新产品订货会，利用各种媒体广告进行宣传和推广，企业通过与客商的交流沟通，将市场的情况反馈给设计师，有利于设计师对市场和流行趋势更好地把握。销售的作用包括两个方面，一个方面就是及时反映、监控和异常情况处理，另外就是服务的延续性。销售不能和生产脱节，销售部门要掌握订单在生产过程中的情况，准确答复客户，避免造成客户对公司的不信任。

“宝剑锋从磨砺出”，服装设计师要充分利用企业实践的机会来锻炼自己的能力，能经受得起市场考验的设计师才是一名合格的设计师。

# 第四章 服装的流行现象

服装的变化现象和本质是相对的，现象是一种外在表象，分为真相和假象，真相是本质的真实反映，假象不是本质的真实反映。在服装的变化中也存在很多的假象，需要人们仔细辨别，去伪存真。被多数人认可和接受的服装才能称为流行的服装，流行现象是被大多数人接受的主流着装现象。本质是事物的根本性质，认识一个事物要从本质出发。抓住服装变化的本质才能从根本上把握服装。

服装中的稳定是相对的、暂时的，在流行期的流行服装相对来说形式比较稳定，但是一旦流行的风向转变，这些服装也就过时了。和“流水不腐”的道理一样，服装变化是绝对的和永久的，只有不断变化发展的服装才能保持旺盛的生命力。不论服装如何变化，其本质是不变的，服装始终是为人穿着，基本功能不会变，离开了人这个中心，就没有服装可言了。服装的形成不是一蹴而就，服装的变化不是一朝一夕，而是在遵循由表及里、由深到浅的规律基础之上不断推陈出新。和其他事物一样，服装应时而生又适时而变，受到客观规律的制约。

# 第一节　流行

## 一、流行的定义

流行是一种迅速传播而盛行一时的现象。流行有着深深的时代烙印，经济、政治、文化、生活方式、意识形态的变化都会影响流行的变化。流行的内容很广，不仅服装、建筑、日常用品、音乐、舞蹈、体育运动等人类实际生活领域存在流行，而且人类的思想观念、宗教信仰等意识形态领域也存在流行。流行源于人们对身份地位、对美和新奇东西的追求以及对使用物品的需求等。希望与众不同，突出自己，不满足于现状，喜新厌旧，不断追求新奇和变化的求变心理是服装流行的原动力。需要强调的是，并不是成为流行的都是高尚的。流行的高低档次和信奉该流行的人群素质有很大的关系，一般积极乐观的人群喜欢高品位的流行，而精神消沉的人群喜欢一些颓废的流行。作为服装设计师来说，应当具备好的、高雅的审美眼光，设计美的、高品位的服装，积极引导消费者，给人以精神上的享受。

服装的流行现象是流行本质的反映，是主流审美意识的趋向，体现为流行时期内大多数人们的着装样式和形式。 通过服装流行现象的分析和研究，可以预知流行的风向，对服装设计师有着重大的现实意义。

## 二、流行的本质

1. 流行与变化 (标新立异)

流行通常与传统相对，传统是那些社会固定化的常规。流行的表现就是求“新”，求新就要变化，没有变化就无所谓“新”了，所以变化是流行的灵魂。不“破”则不“立”，流行就是在打破旧常规的基础上建立起来的、被多数人接受的新规则，例如新的思想、新的产品、新的生活方式、新的环境等。流行具有时代的特征，某个时代流行的东西虽然打破了当时的一些传统和常规，但一旦时代发展了，就会被新的东西取代，流行也就跟着过时了，那么这些过了时的流行，有的形成了传统，有的成了经典，是特定时代的标志。处于某种流行中的人们，既希望迅速融入流行中，寻求心安理得的惯性心理，同时又受喜新厌旧的求变心理支配，流行也是在这种心理的矛盾中不断变化和发展。

2. 流行和模仿(大众化)

塔尔德认为，人们的行为受到周围人的影响，是一种暗示和模仿。人们的模仿能够推动流行，模仿是在模仿者与被模仿者之间存在同一环境，通过一方的刺激，另一方被诱发而产生的。例如，小企业对大企业的模仿，能得到同样的管理方式；对明星和强者的模仿，可以在心理上得到同等优越地位的感受；对美和流行的模仿，可以获得被称赞的喜悦。直接模仿是原封不动地抄袭，不假思索，形似而神不凝是一种盲目的模仿；间接模仿加入个人见解并结合时间场合等客观现实因素，这种模仿能够促使流行迅速扩大；而创造模仿是有主见、有目的、有选择的部分模仿，“取其精华，弃其糟粕”，这种发展模仿形成流行的个性化现象。

3. 流行的过程

流行的普及可以分为三个阶段：盲目追随阶段，积极追随阶段和消极追随阶段。第一阶段的模仿者多为那些求变心理比较强的人，是一些狂热的流行追随者，他们不仅对新的流行十分敏感，而且还毫无目的地模仿和追随。许多流行只是在这些人当中被模仿后很快就消失了。但是，从众心理强的人不会马上投入这样狂热的模仿中，他们相当冷静，用自己的价值观念对新的流行现象进行分析和判断，肯定其中新的因素，抛弃其偏激的成分，充分进行权衡和比较，然后才进行间接性的模仿。他们的着装会更加贴近现实生活，又别致新颖，所以一旦这些人开始改变后，就会引起很大范围的流行，继而又有很多人加入其中，流行就此进入积极追随阶段。这些“第一个吃螃蟹的人”可以称为个性追随者，是流行的领头羊。从众追随者受到“不能落伍”的从众心理支配，参与个性追随者扩大的流行，他们相对积极追随者来说显得被动和消极，他们的参与使流行在最大范围内得到普及，流行也因此而失去了魅力和诱惑，没有了新鲜感，预示着新一轮流行的开始。

4. 流行的要素

形成流行的要素主要有四种：权威性的、合理实用的、新奇的、美的。不同时期对这些要素的侧重也不同，不同的要素组合形成的风格也不一样。流行方向可以分为三种：自上而下式、自下而上式和平行移动式。例如，21世纪的服装流行多显示出对权威的追随，呈现出一种自上而下式；但是民主化使现代的流行更加重视合理的功能性和实用性，流行的方向也趋向于水平的横向扩张。但是服装的流行最重要的是美和新颖，缺乏这两个要素，就很难形成流行了。

5. 流行的周期

流行具有一定的周期性，是反复规律的表现。反复是一种客观自然规律，从生命的产生和消亡，从人类自身的变化和发展，都经历一个生息轮回的过程；同样在艺术审美中，反复也是一种形式美法则。流行的周期主要受到社会环境的制约,特别是决定人类生活方式的经济基础和与之相应的上层建筑直接左右着流行的寿命。随着生产技术和科学的进步，流行传播的速度越来越快，短时间内可以覆盖很广泛的区域，因此流行的周期也越来越短。

## 第二节　服装的流行

### 一、服装流行的界定

服装中的流行，是指在服装领域里占据主流的服装流行现象，流行的服装是被大多数人广泛接受的服装风格或样式。服装中的流行是众多流行中的一种，与人们的日常生活有着最直接的联系。

### 二、服装流行的内容

1. 款式的流行

服装款式的流行包括服装的外轮廓和主要部位的变化特征等方面。服装款式的流行具有时代的表征性，一个时期的服装都有其特定的代表样式，同时，诸如装饰手法、装饰图案等细节和部位也有其自身的变化趋势。服装款式的变化主要有六种：简繁对换规律、循序渐进规律、终极而返规律、系列分化规律、性别对立规律、强化功能规律。服装造型存在简洁、繁琐两种风格，简洁不是简单，繁琐不是累赘。简单的款式也可以做出很丰富的效果，繁琐的款式也可以给人以概括精练的感觉。设计语言最忌讳毫无目的地堆砌和没有内容的空洞。简洁就是精简到极致，每一根线、每一个细节都是经过精心思考和设计的；繁琐也要将不同的元素和谐有序地搭配，才能既丰富又不杂乱。服装的风格总是在不断变化发展的，简洁与繁琐相辅相成，没有哪一种可以成为永恒的时尚。循序渐进的规律：人们思想意识上的不断变化、观念形式上的开放推动了服装设计概念和形式上的变化。例如，曾经的内衣已经堂而皇之地登堂入室，先要获得人们道德观念的允许。终极而返的规律：服装的造型可以极度夸张，但是，当夸张到一定程度的时候，就会朝向它的反方面。造型的极端有长与短、宽与窄、大与小、方与圆、高与低、正与斜、柔与刚等；从服装立体造型来看，有重与轻、厚与薄、凸与凹、平与褶、空与实、粗和细；从表现形态上来看，有软与硬、皱与挺、飘与僵、光与糙、轻与重、亮与暗、素与花等。

2. 色彩的流行

色彩流行是指在一定时期和地域内，受到消费者普遍欢迎的色彩组合，是市场上最畅销的颜色。很多公司在进行产品规划之前都要对流行色彩进行调查，以更好地迎合市场。在做生产计划前都要参考流行机构发布的流行色预测，以更好地把握色彩的流行方向。

3. 面料的流行

面料的流行是指面料的原料成分、织造原理和图案工艺呈现出的外观效果。面料的流行考虑季节性和穿着方式等因素。

4. 纹样的流行

纹样的流行是图案、样式的风格、形式等的倾向，主要包括以下几种：几何形、花卉、风景、人物、动物、静物、植物等图案的表现技法。不同的纹样给人以不同的视觉感受和心理感受，现代服装的纹样设计将不同风格的图案相结合，产生出独特新颖的纹样形式。例如，将民族图案和运动图案结合在一起是近年来的一大流行趋势。

5. 工艺细节的流行

工艺细节包括很多方面，例如缉明线、印花、开衩、滚边、抽褶等。工艺细节的流行与人们的思想意识、生活方式有很大的关系。例如，现代人生活比较随意，在服装的细节上，多采用各种各样的抽褶方式以产生随意、活泼的线条。

6. 着装方式的流行

着装方式就是人们搭配服装的方式，搭配方式的不同可以呈现出不同的风格，给人以不同的视觉效果和心理感受。现代设计中，很多时候设计师不仅要设计出新颖的服装款式，同时还要设计出新的搭配方式，这些也是服装第二次设计的内容。着装方式的突破首先要得到人们心理上的接受，例如，曾经只能作为内衣穿着的衬衣、背心现在已经登堂入室，内衣外穿，改遍了传统的穿着方式。

7. 妆容的流行

妆容在现代社会中越来越重要，不同的妆容给人以不同的视觉感受。同时，为了配合服装的风格，人们也需要了解各种化妆产生出的不同效果。例如，烟熏妆就是在人的眼圈周围涂上黑色的、类似于烟熏一样的颜色，给人以颓废和神秘的感觉，充满了诱惑感。在许多国外大师的时装发布会上，为了配合设计师的设计理念和服装风格，模特的发型也做出特别的造型，有的古怪离奇，有的新颖夸张；妆容也是各式各样，这些都是发布会上的一大亮点。奇特的装扮也吸引了新闻媒体的主意，增加了设计师的曝光率，加深了人们对服装的印象。

## 第三节　服装流行的原理

### 一、实用原理

服装是人的第二皮肤，有防风挡雨、增加人体的抵抗能力的作用，具有一定的实用功能。服装的实用功能也是促使服装流行的因素之一，它随着时代的进步而进步，当旧的功能不能满足新的需求时，就会催生出新的、更实用的服装样式。

服装流行的产生必须在一定的时间内有相当比例的人来穿着，所以很多厂商为了吸引消费者集中注意力，对所生产的产品和新的流行概念进行大肆宣传，促使流行向着一个方向发展，这也是形成流行的原因之一。

### 二、审美原理

人们有被爱和被关注的需要，除了用言行来证明自己的价值以外，人们还可以通过具有审美功能的服装来获得别人的关怀和认可。当人们第一次见面的情况下，都希望给对方留下深刻的印象，同时也希望了解和摸清楚对方的情况，但是在很多现实条件不允许的时候，只能借助于服装这个手段，通过对方的穿着打扮初步估计对方，以作出相应的反应。服装可以扬长避短，修饰和美化人体，使人们在待人接物的时候更加自信，因此，好的服装式样的出现会刺激人们的消费欲望。

很多没有个人穿着风格的人不知道穿着什么比较合适，人们穿着的“从众心理”使得他们不得不对多数人认可的模式进行积极模仿，以期望获得社会的认可。

## 第四节　服装流行的形式

流行的服装是在一段较长的时期内人们普遍采用的某种款式的着装现象。人们普遍选取的款式，一般都具有美观和优良的价值。服装的流行，使人们对某一类款式广泛认同，使其流行范围扩大，这说明人们的价值观念正经历从少数到多数的过程。在服装流行的初级阶段，只有少数人能接受，但是当多数人也对某类服装趋之若鹜时，这类服装就可以迅速地流行起来。服装流行的形式一般有三种：自上而下的形式、自下而上的形式、平行移动的形式。

### 一、自上而下的形式

德国社会学家新康德派别西梅尔提出来一种流行理论，他认为流行是具有高度的政治权利和经济实力的上层阶级通过下层阶级的播放逐渐渗透和扩大到整个下层社会的，以致使得上下两个阶级之间的界限变得模糊不清，于是上层阶级的人们又创造出能象征和表现其地位的新流行，以示区别，如此反复下去。这种自上而下的流行形式是指服装从社会上层向平民百姓流行的形式，是服装流行比较广泛的流行形式。“上”代表的是社会上层，如皇宫贵族、社会名流等，他们是平民百姓关注的对象，他们的服装也是人们模仿的对象。例如：前王妃戴安娜气质高贵，众多的女性争相模仿。一种服装首先在上层社会中流行，一旦传入下层社会并被复制和最后普及，上层社会便开始寻找新的事物，于是就有了新的一轮流行。但是自上而下的形式已经不能解释很多现代社会中的流行现象。

### 二、自下而上的形式

美国社会学家布伦伯格在研究分析20世纪60年代以来的美国社会时提出来一种理论，认为现代社会中许多流行是从年轻人、黑人、蓝领阶层以及印第安人等“下层文化”兴起的，也就是说，下层文化层掌握了流行的领导权，上层社会的人们受到这种“反阶级”、“反传统”、“反文化”的、超越常规的新流行的冲击，被这种新奇的、前卫的样式所标志的“年轻”和“新颖”的魅力所折服，逐渐承认和接受这种流行，这就形成了一种自下而上的逆反形象。例如，众所周知的牛仔服装最初是由美国西部的淘金热而起，牛仔服装因其耐磨、价廉而深受淘金矿工们的喜爱，以至于成为典型的作业服装。后来由于各种文化的交融，牛仔服装开始出现在时装中，直至今日，牛仔服装已经变成前卫或休闲时装的一种。

### 三、平行移动的形式

在现代社会中，工业化大批生产的特点和现代信息社会媒体传播的大众性，可以将有关流行的大量情报同时向社会的各个阶层传播，网络的发达更加速了信息传播的速度，人们几乎在同一时间可以接收到同样的信息。各种各样的发布会、服装展览激发了消费者的从众心理，于是，流行的实际渗透是从所有的社会阶层同时开始的，这种水平流动理论能够更好地解释大众市场环境下产生的流行新现象。平行移动的流行形式最大众化，也很容易失去流行效应，所以，要想保持一定时期的流行热度，不仅要依靠强大的广告宣传，还要真正做好服装、做好市场。

## 第五节　服装流行的特点

1. 时效性

服装流行是一个时代的反映，时代不同，服装的流行也不一样。服装只有在大多数人穿着的时候被称为流行服装，一旦流行的风向变化，没有人穿着了，服装也跟着过时了。即使很多年后，有相同风格的服装出现，也已经不是原来的面貌了。所以，服装的流行是与时代密不可分的。在现代社会中，由于大众市场的竞争激烈，为了打造自己的市场，分众市场在主流的市场中分化出自己的阵营，逐渐占领了一席之地，同时也领导了分众市场的流行趋势。例如，在内衣市场竞争激烈的时候，有的公司提出了与内衣相区别的“保暖内衣”和 “塑形内衣”的概念，从而分化出保暖内衣和塑形内衣的市场，营造出自己的天地。

2. 上升性

服装是人们精神的体现，服装设计也是以改善人类生活条件、塑造美的形象为目的，所以服装的流行是积极上升和不断进步的，是朝着美和高层次的方向发展的。

3. 循环性

服装流行的循环不是机械式的重复，而是螺旋状的上升。在循环的过程中流行服饰加入了符合时代的元素，注入了新的活力，赋予了新的理念和精神。即使流行的风格一样，其表现手法、面料、色彩、工艺以及装饰手法都已经大不一样了，虽然能够辨认出来，但也只是一个大感觉而已。

4. 渐进性

就像服装设计一样，服装的流行不是一朝一夕形成的，服装的流行一般有一定的先兆，最初流行的样式一般只有少数人穿着，这些人多数个性突出，喜欢求新求异、与众不同，敢于挑战传统；随着模仿的人数增加，更多的人加入到流行中，流行便在更大的范围中流行起来。

5. 传播性

传播是服装流行的重点，也是流行的重要方式和手段，没有传播就难以产生流行。服装流行传播的途径主要有大众传媒、时装表演、影视艺术、展示博览、社会名流以及人们之间的相互影响等。

大众传媒是指由一些机构和技术媒体所构成的专业化群体，通过技术手段和设施向为数众多、分布广泛的公众传播服装流行的信息，由于传媒的发达，现代服装流行的传播使得人们在接受流行信息上具有同步性。很多的传媒可以同时进行传播和推广，从而使得服装的流行信息在大范围内得到普及和推广，加快流行的传播速度。

6. 层次性

从流行发布者的角度来说，服装的发布具有层次性，一般都是从国际专业机构到国内专业机构，从专业机构到服装企业，然后到消费者的传播，由上到下。从消费者的角度来说，流行的传播因人而异，有一定的差异性。由于人们的身份地位、思想认识、文化修养、地理环境等各方面的差异，人们接受流行的方式和程度也不一样。同样流行的服装，年纪相仿的大学老师和大学学生就不能穿着一样，老师有一定的职业规范，而学生就没有特定的约束。

## 第六节　服装流行的预测

### 一、流行预测

1. 定义

服装行业的门槛很低，服装市场的竞争不断加强。对于服装厂商来说，了解服装流行的趋势，有助于提高产品的市场竞争力，同时避免积压和损失；从消费者的角度来说，服装流行与生活密不可分，流行的服装不仅给人更好的保护功能，而且时髦的服装本身就能体现出好的仪容姿态，增加着装者的自信，同时被社会接受的流行服装可以让人产生一种社会群体的归宿感而不是孤立感。服装的流行不仅受到上次服装流行的影响，从深层意义上来说还受到历史、文化、经济、政治等多方面的影响，要预测流行首先就要研究这些社会内容的变化规律，探讨其和流行的关系；也要认真研究过去的流行，总结流行之间存在的因果关系和变化规律，这样才能更加清晰和准确地认识现在的流行。结合当时社会环境的变化趋势和动向，就可以推断出未来的流行。

2. 内容

流行的预测，从内容上可以分为量的预测、质的预测和全新样式的预测等三个方面。

3. 方法

流行测试是对未来几个月或几年内会出现的现象进行初步的估计，从而作为产品规划或市场战略调整的依据，具有前瞻性和计划性。但是既然是预测，必定会与实际情况有偏差，这个也是预测难以避免的。但是总的来说，根据心理学、管理学、形态学等理论指导，现代的流行预测是有计划有根据的，是经过市场调查分析后得出的结论，所以具有一定的科学性和可信度。流行预测的方法一般有三种：问卷调查法、总结规律法和经验知觉法。

①问卷调查法

问卷调查法是指根据调查目的设计出有效问卷，要求被调查者解答并从中得出结论的方法，也是最常用的方法。由于在设计问题之前经过筛选，问题目的性很强，同时也具有针对性，所以这种方法得出的结论比较客观。调查法得出的结论建立在部分人群的基础上，所以问题的数量、范围、答卷人数、层次等都会影响到结论的准确性。如果处理不当的话，调查结论会与实际情况相差很大，给生产造成误导。

②总结规律法

总结规律法是指根据一定的流行规律推断出预测结果的方法。流行是有规律的，但是流行规律中有很多变化的因素。很多流行预测机构根据历年来的流行情况，结合流行规律，制定、策划下一季的产品。这种方法相对来说比较主观，人为因素比较多，但是比问卷法省时省力。由于个人因素占主导，所以容易产生偏差，同时对预测者的压力十分大，很多企业都要征集权威人士的意见，共同探讨以得出结论。

③经验知觉法

很多时候,有经验的服装从业者对流行很敏感，他们往往就是公司或企业的设计总监。由于设计总监有很丰富的设计经验，同时也肩负着整个公司的设计重任，所以其对市场更加熟悉。很多大品牌的风格一如既往，没有很大的变化，所以，设计师都有很固定的风格路线，流行预测报告起的作用并不大。

**二、服装流行的运用**

人们追随流行的心理主要有：追求实用的心理、社会性表现的心理、求美的心理。

1. 追求实用的心理

人们的使用价值观念包括保暖护体、防止损伤等，新功能的出现也能吸引人们的视线。例如，家电产品特别是电脑的普及使用，使得电磁辐射对人体不利变得十分普遍，一些防辐射服装产品的出现马上赢得了市场，尤其是针对小孩、操作电脑的工作人员以及孕妇等人群设计的服装十分受欢迎。很多产品就是依靠新功能的使用价值取胜。

在大众市场竞争白热化的今天，避开锋芒，剑走偏锋，也是许多小众市场取胜的关键。例如当女装、男装、童装市场打成一片的时候，不要盲目地投入其中，因为大家都看得到的利润一定竞争十分激烈，反而是那些一般人都认为不可能有市场和利润的地方竞争小，而且利润率更高。例如在中国孕妇装品牌十分少，而全国的生育率为1%，全国孕妇人数为1300万到1400万，为孕妇专门设计的时尚、实用的孕妇服装特别少。因此，针对特殊的人群，如果能够做出功能完备和针对性强的服装，就可以运筹帷幄了。

2. 社会性表现的心理

服装能够显示着装者的地位、身份、阶层、文化层次和修养等，因此服装具有社会象征的作用。商家可以利用这种心理作用生产出能够满足消费者不同需求的服装。例如，西方的贵族阶层服装往往十分昂贵，款式新颖，做工考究，以显示自身的高贵血统；白领阶层虽然不是最高领导阶层，但仍然希望将自己和一般体力打工者区分开来，显示自身有文化、有修养的一面，所以企业可以根据这类人群的特点专门设计服装，以期很好地满足他们的需求，从而获得自己的市场。

3. 求美的心理

爱美之心，人皆有之。人们对美的孜孜不倦的追求是服装流行不断变化的原动力，服装的美通过服装这个媒介传达给人们。服装的美不仅包括款式、面料、色彩的美，还包括流行美，一件衣服不管穿着多么合体和舒适，但人们往往认为过时了的服装就已经不美了；而且如果一意孤行、坚持穿着的话，走在大街上就会格格不入，马上感觉到落伍了。从众心理促使人们购买新的、时尚的服装，以期获得社会的认同。

# 第五章 服装的分类与设计

古今中外，服装从款式到色彩再到面料，都在不断变化和发展并呈现出丰富多彩的面貌。服装确实是一个十分笼统庞大的系统，不能简单地将其归纳为男装或女装，因为女装中也分为很多种类，例如女西装、女衬衫、女裙、女大衣等。而女裙从裙长的角度又可以分为连衣裙、短裙、背心裙等。短裙还可以分为超短裙、及膝裙、短裤裙等。所以分的角度不同，分出的结果也不一样。在现代服装设计中，策划和指定产品之前要结合消费对象，考虑到季节和对象的年龄、性格、身份、生活方式等因素进行归类和划分，并对即将设计的服装产品内容进行详细的规划。

没有规矩不成方圆，要对服装进行详细而全面的分类，就必须弄清楚分类的前提条件。服装的常见分类方法是从人们熟悉的、约定俗成的、在服装的一般流通领域容易被接受的角度对服装进行分类，这些名称广为传用，容易被认知和理解。

## 第一节　按照性别分类

1. 男装

从性别上说，男装指的是所有男子使用的服装。从审美的角度来说，一般意义上的男装以塑造出男人的阳刚美为出发点，但是，社会的变迁、思想意识形态的改变也会影响到人们对男装的审美态度。

2. 女装

顾名思义，女装是指所有女人使用的服装。女性服装一般以塑造女人的阴柔美为出发点，着重体现女性柔美的一面。

3. 中性服装

男女可以共用的服装，例如普通的T恤、牛仔装等。一些学校的男装和女装校服在款式、色彩、面料上基本一致，没有什么区分，男女都可以穿着。

## 第二节　按照年龄分类

1. 婴儿装

0~1岁左右的儿童使用的服装。婴儿是指从出生到周岁之内的小孩，头大身体小，身高大致为4个头长，皮肤较嫩，不会行走，需要大人精心地呵护。婴儿在出生3个月内身高可以增加近10cm，到1岁时身高可以增加1.5倍，体重增加3倍，同时可以翻身、爬坐、站立并学会独立行走。

婴儿服装一般没有性别区分，有罩衫、连衣裤、睡袍、睡袋、斗篷等。在设计时应当选用柔软透气的面料，一般以平面造型为主，减少一些不必要的结构线和分割，款式尽量简单，以易于穿脱和控制松量。婴儿的脖子很短，所以也不需要设计领子，在设计时要考虑到婴儿以卧睡为主的习惯，不要选用一些诸如金属纽扣之类粗糙的材料，否则会磨损皮肤，也不要使用

松紧之类不利于呼吸的材料。色彩上使用一些浅淡的颜色，避免因掉色而导致皮肤过敏。（图5-1、图5-2）

图5-1　婴儿服装

图5-2　婴儿连体服装、背心、外套

2. 幼儿装

2~5岁左右的儿童使用的服装。这个时期的孩子体重和身高都在迅速增长，学说话，学走路，有很强的模仿能力，对一些简单醒目的色彩和事物尤为注意。幼儿装可以在性别上进行区分，其款式包括连衣裙、连衣裤、背带裤、背带裙、罩衫、背心、夹克、大衣、斗篷等。由于幼儿十分活跃，服装的款式和造型都要宽松，方便活动。孩子活动量大，容易出汗，所以一般要选择柔软、透气、舒适、有弹性、耐磨的纯棉平布、线布、灯心绒、卡其以及针织类的棉布等。色彩可以选择活泼、亮丽、鲜艳的色彩，也可以选用柔和、浅嫩、素雅、洁净的中性色。（图5-3、图5-4）

图5-3 幼儿装色彩丰富

图5-4 男童幼儿装色彩倾向于大地色系

3. 学童装

6~12岁左右儿童使用的服装。学童阶段已经基本上步入了小学阶段，随着生长速度的减慢，体形逐渐匀称起来，凸肚消失，腰身显露，腿也变得细长，孩子的运动技能和智力发展最为显著，孩子的性格变得十分活泼。这个时期的儿童多穿着学校的制服，强调团结的集体主义精神，制服的设计不需要太过于花哨，而要充分体现出孩子积极向上的精神面貌，对孩子起到约束和礼仪的作用，服装的款式一般以运动装为主，四季的服装可以灵活搭配。（图5-5）

图5-5 学童装强调团结的集体主义精神

4. 少年装

13~17 岁左右的少年使用的服装。这个时期的孩子已经有了独立的意识和要求，有强烈的表现欲望，他们的着装方式受到校园群体的影响，对很多事物都怀有强烈的好奇心，所以史上潮流堆砌的影响是巨大的。在设计中要对充分考虑到性别的因素，在女装中加入一些活泼和青春的气息，男装则主要以塑造阳刚、硬朗的感觉为主。（图5-6）

图5-6　少年装有个性

5. 青年装

18~30岁左右的青年使用的服装。在这个年龄体形已经发育成熟， 女性身体凹凸有致，男性身体魁梧粗壮，身高达到了最高峰，对流行十分敏感，同时有了一定的消费能力，往往通过服装来吸引异性的目光。他们希望展示个性，喜欢变化，所以这个时期服装的性别特征也十分明显，服装的款式变化极为丰富，色彩多种多样，面料新颖流行，对名牌有追逐的倾向。（图5-7）

图5-7 青年装对流行敏感

6. 成年装

31~50岁左右的成年人使用的服装。由于婚姻和家庭的关系，这部分人在生理和心理上都有了很大的区别。同时，由于工作环境和身份地位的要求，成年装的一般要求是造型合体，稳重大方，色彩沉稳优雅，追求较高的品质。面料选择的范围比较广泛，质地优良。套装等是比较好的选择。（图5-8）

图5-8 成年装稳重成熟

7. 中老年装

51岁以上的中老年人使用的服装。由于这个年龄段是肥胖的高峰期，很多中老年人的体形在一定程度上有所变形，所以希望服装的款式能够更好地修饰体形。中老年女装色彩平稳和谐，干净明快，格调高雅，装饰简洁实用，面料柔软、舒适、透气。（图5-9）

图5-9 中老年装格调高雅、装饰简洁实用

## 第三节　按照穿戴方式分类

1. 佩戴式

把片状材料固定于身体的某个部位，并起到装饰、保护、遮蔽等目的。这种类型起源于原始时期，在现代民族的服装中仍有体现。

2. 系扎式

把绳、带等线状材料系扎于人体的部分，用来固定或装饰人体。多见于热带土著居民中。

3. 挂覆式

以上身某部分为支撑，用布类披挂于身上的穿着方式。例如披肩、斗篷。

4. 缠绕式

用布将身体部位裹缠起来的样式。例如现代印度妇女用的沙丽、男子用的多蒂等。

5. 垂地式

衣服的全身连在一起，长长地垂下的形式。例如古代埃及的罗布，中世纪以后一直到现在的哥翁，以及我国汉代的深衣等。

6. 套头式

也叫贯头式。在布料中间挖洞并套在肩部的穿着方式。从形式上来说，在长方形或椭圆形的布中央挖个洞或用两块布料缝合起来，固定肩部的两点，头从中间穿过去。也有让头从筒状的衣物中间穿过去的贯头衣。

7. 包裹式

包裹型的服装是指前开式的有袖子的全身衣，左右襟相压，把身躯及下肢同时包裹起来。如中国、日本、中亚等东方国家的服饰大多属于此类服装。

8. 体形式

按照体形分别包装的着装方式，原则上是上下分开的两部式，近代、现代人都采用这样的穿着方式。

## 第四节　按照产品分类

1. 外衣

一般是指穿着在最外层的服装，例如大衣、风衣、外套等。

2. 内衣

一般是指穿在外衣和贴体衣之间的服装，例如羊毛衫、毛衣、背心等。

3. 贴体衣

一般是指穿着在最里层、紧贴人体的服装，例如胸衣、内裤、内衣等。

## 第五节　按照国际标准分类

1. 高级时装

也称高级女装，是法语HAUTE COUTURE 的意译。COUTURE是裁缝的意思，高级时装代表了高档品位、高级的材料、高级的设计、高昂的价格、高级的服务和高级的使用场所。高级时装一般是指经过量体裁衣的工艺精湛、面料考究、设计独特、价格昂贵的单件制作服装。高级时装的对象是皇室贵族、社会名流等。但是成衣业的不断发层导致了高级时装的衰落。（图5-10）

图5-10 高级时装为手工定制

2. 时装

时装界于高级时装和成衣之间，不像高级时装那样高不可攀，却比普通常规的成衣丰富时尚，其数量比高级女装多，又比成衣少。但是要将成衣和时装严格地加以区分也是很困难的事情，因为很多成衣也具备时装的特点，而很多时装也渐渐成衣化。

3. 成衣

成衣是20世纪初出现的服装形式，工业大生产改善了服装生产的条件，提高了服装生产的速度，使得服装得以批量化地生产。由于市场竞争的激烈，成衣的设计也呈现出多样化、时尚化、正规划、批量化、高级化的发展趋势。服装公司在细分顾客和深入细致地了解目标客户群的基础上，依据市场和自身的特点制订产品计划，同时，由于盈利是公司的根本目的，所以在设计时，服装的结构、工艺、装饰、面料等都要充分考虑到成本的因素，其与高级时装无论是设计语言还是工艺制作都有着明显的区别。

## 第六节　按照气候季节分类

1. 春秋装

春天和秋天是一年中比较凉爽的季节。炎热夏天，人们穿得很少，感觉上比较随意；冬天太寒冷，穿得太多，显得很臃肿。而春秋时节，人们选择的款式比较多，穿着搭配的余地很大。春秋装可以分为两类：一类是初春或暮春的服装（图5-11），这个时期天气稍微有点凉，衣料不能太薄，要注意保暖；另一类是在暮春和初秋时节穿着的服装，此时未脱离夏天的感觉，因此服装仍然保持了夏装的痕迹。

图5-11 春秋装注意保暖

图5-12 夏装清凉、吸湿排汗

2. 夏装

夏季是一个十分炎热的季节，对服装有很大的限制，是服装业的淡季。由于夏季的服装一般都比较薄，款式简单，用料少，所以夏季的服装一般价格没有冬季那么高。夏装总的要求就是清爽凉快、吸湿透气。在款式设计方面要简洁，不要太繁琐。面料上有很多选择，例如高支棉布、麻料、真丝织物等，目前很多化纤面料性能也十分优越。色彩上一般以清新淡雅为主，一些条纹、格子之类也很受欢迎。（图5-12）

图5-13 典雅的毛皮大衣是冬季的好选择，但是价格偏高

3. 冬装

冬装是季节性服装的旺季，由于其用料多、款式多、制作难，所以价格高，同时单件的利润也很高，冬季服装市场是服装行业竞争的焦点。冬装首先要以保暖为第一目的，所以冬装的面料选择十分重要。一般来说，呢绒、羽绒、驼绒、毛皮、中空纤维、涂层织物等面料可以保证服装的保暖性。冬装由于面料厚重，不宜洗涤，因此服装的颜色基本以深色为主，棕色系、灰色系等都是常见的色彩系列。有时冬季也使用一些靓丽的色彩，如纯白色、淡鹅黄、大红色等。（图5-13）

## 第七节　按照服装风格分类

风格是指艺术作品的创作者对艺术的独特见解和与之相适应的独特手法所表现出来的作品的面貌特征，风格必须借助于某种形式的载体才能体现出来，是创作者个人设计理念在长期的实践中逐渐形成的，设计的理念改变了，创作的风格也跟着改变了。服装设计风格不仅表现出服装本身的造型、色彩和面料结构上的不同视觉效果，还体现了不同风格的着装方式，反映出不同人群的生活方式、思想意识形态等特征。

1. 经典风格

经典风格是经过长期的使用穿着，比较端庄得体的传统服装。经典风格比较成熟，广为接受。经典服装比较保守，不太受流行的影响，造型没有太大的变化，整体和谐统一，例如正统的西式套装等。

2. 乡村风格

乡村风格主要以表现安宁纯朴的气息为主，多使用小格子、小碎花等面料营造乡村风格的氛围，色彩也是以自然的色彩为主。

3. 运动风格

运动风格的服装是指带有运动元素的服装，和传统的运动装有很大的区别。运动的元素可以用于休闲装上，形成运动休闲的风格类服装，甚至可以用到西装或衬衫上。运动风格的服装自然宽松，便于活动，充满了活力，具有强烈的时尚气息。色彩或鲜明靓丽，或深沉稳重；款式比较简洁大方；造型多以直身型为主；面料多用棉料、混纺等，配合罗纹使用；罗纹多用于领口、 袖口或多袋口。

4. 休闲风格

休闲风格让穿着者本身有种随意和轻松的感觉，由于休闲的范围很大，所以又分为不同年龄和阶层的休闲装。休闲是一个概念，也是一种心态，很多时候我们很难区分什么是真正意义上的休闲。休闲不只是针对服装本身来说的，还包括人们着装的方式和状态。同样一件衬衫，将其穿在正规的西装里面，系上领带，就显得很正式；但是把它系在腰上，或者搭配牛仔裤和球鞋就会呈现出休闲和随意的感觉。

5. 前卫风格

前卫风格是相对于经典风格来说的。前卫风格意识超前，是对传统和常规的反叛和创新。造型怪异夸张，个性张扬，视觉效果强烈，色彩、面料、造型搭配大胆，结构不对称，分割线随意，设计的理念完全不遵循常规，多使用奇特新颖、时髦的面料，装饰手法多种多样。

## 第八节　按照制作材料分类

1. 天然纤维服装

是指用天然纤维面料加工成的服装。天然纤维是以动植物纤维和矿物纤维作为原材料加工成的服用面料。天然纤维制成的服装一般吸湿透气性好、服用舒适。天然纤维面料一般包括植物纤维、动物纤维、矿物纤维等。纯天然的面料对人体十分有益，由于都是来之于自然，毕竟数量有限，不能像人造纤维那样可以机械化大生产，所以纯天然的面料比人造纤维面料价格高，尤其是动物裘皮十分昂贵。

2. 人造纤维服装

是指用化学纤维面料作为原材料加工成的服装。化学纤维面料是指用再生纤维、半合成纤维、合成纤维或无机纤维制成的面料，例如氨纶、晴纶等。人造纤维不易起褶，耐磨、拉伸性好、成本低，具有天然纤维所没有的优点，在服装面料中有很大范围的运用，同时天然纤维和人造纤维的混纺面料，结合了双方的优点，取长补短，使面料具备更好的服用性能。例如以往的纯棉料十分容易起皱，布面不平整，棉涤混纺面料结合了涤纶和棉纤维的优点，既舒适透气，又可以防止起皱，深受人们的欢迎。

## 第九节　按照衣服形态分类

1. 非成型类

非成型类是指把天然的材料作为衣物放在人体上，是最原始的着装方式，这些衣物是没有经过缝制加工的，在绝对意义上来说，其材料本身也具有一定的形状。任何材料本身并不具备服装的意义，只有经过人为地着装即二次成型，才能与人体一起形成一种新的形态。

2. 半成型类

半成型是指多少经过一些加工的衣物，例如贯头衣类。有的直接在面料上挖个洞，这类衣物也是通过二次成型来完成的。

3. 成型类

现在人们穿着的服装都是属于这类，即通过一定的剪裁和缝制方法，制作出适合人体的服装。这类服装相对来说结构更合理，手工更精湛，同时，设计元素的注入更使得服装表现出一种精神的高度，能够充分体现人的外在形体美和内在思想美。

## 第十节　按照款式分类

1. 西服
2. 衬衫
3. 裙
4. 裤
5. 大衣

## 第十一节　按照用途分类

1. 演出服装

主要用于舞台表演的服装。例如服装设计大赛的服装、戏剧表演服装、道具、假面等都属于表演性质的服装。用于舞台表演的服装与平时穿着的服装有着很明显的区别。考虑到场景、灯光等因素，舞台服装一般造型比较夸张，视觉效果强烈。（图5-14）

服装设计大赛从根本上来说也是一种表演性质的比赛，所以可以归入演出服装一类。服装设计大赛在近年来比较热门，国内外纷纷举办各式各样的设计大赛，参赛选手通过服装展示个人的设计创作理念，表达对流行和时尚的见解，这些服装不仅要有良好的设计语言，还要有很好的舞台表现才能赢得评委的好评。参加比赛的服装要求主体明确，构思新颖，不拘泥于规则型的思维，力求打破传统，让人耳目一新。比赛的服装没有场景和剧情的限制，主要是通过模特的肢体语言来诠释，不需要表演者刻意和夸张地表演，它表演的目的不是突出人，而是以人为媒介来展示服装，换言之，表演是为服装服务的。

而在戏剧或其他舞台表演中，服装只是一个道具，是用来烘托气氛、表现主题和塑造人物性格的工具，这种服装要求和剧情、环境、人物性格相融合，这些服装可以被称为舞台服装。舞台服装一般是定制的，在市场上很难买到合适的。剧情和环境的变化也会影响舞台服装的造型。

专门以服装为主要对象进行的表演又与服装设计大赛和纯粹的舞台表演有一定的区别，这种表演多见于服装公司或企业的新产品展示和宣传广告活动中，通过表演加深人们对其产品的印象，提高知名度，同时传递出公司或企业的设计理念和产品风格等信息。所以其更具商业宣传和市场竞争性，表演的直接目的就是为了取得更好的销售业绩。

2. 日常服装

用于日常穿着的服装。相对演出服装来说，日常服饰款式更加简洁。用于日常穿着的服装一般也可以称为成衣，是市场上款式最丰富、数量最多的服装。日常服装可以满足人们日常生活中方方面面的需求，例如，职业装、工作装能满足工作的需要；睡衣、睡袍等宽松的家居服装能满足闲暇和居家的需求；休闲西装、休闲套装等既舒适又随意，能满足人们外出的休闲需

图5–14　演出服装具有夸张的视觉效果

要；一些活泼随意的款式是娱乐玩耍的首选；运动装能够满足人们运动、锻炼的需要。

3. 特殊服装

用于特殊环境中的服装，例如消防人员、武警、电工等的作业服装。由于环境因素，很多职业对服装的要求不同于一般性的工作，有的职业作业条件恶劣，工作环境艰苦，生命和身体都没有安全保障，所以，针对这些具有一定危害性的工作，服装设计不仅要解决基本的防风保暖问题，还要在面料、结构上下工夫，让穿着者更好地适应工作环境。例如，消防作业的高温环境要求消防人员的工作服要比普通的服装更耐热、耐磨，对服装的整体性防护也有很高的要求，如消防人员在救火时要全副武装，佩戴头盔、手套、筒靴等。（图5–15）

图5-15　特殊服装有其独特的功能性

4. 社交服装

用于礼仪社交场合穿着的服装，例如礼服等。这类服装主要针对的是比较正式的场合，表现的是穿着者的礼仪修养和对别人尊重，比较正式和庄重。根据场合的不同，礼仪服装也可以分为晚礼服、婚礼服、晨礼服、午后礼服、仪仗礼服、葬礼服、祭祀礼服等。礼服也是因人而异，和个人性格也有很大的关系。例如，有的明星不喜欢西装革履式的打扮，选择穿T恤、牛仔出席一些正式场合，这也是个性的体现。但是传统的礼服已经基本定型，男士晚礼服由领结、衬衫、燕尾服和长裤组成，除了局部的造型有些区别外，基本没有什么大的变动。这种礼服在一些颁奖礼、文艺晚会中常见到，但是这种礼服正趋于减少，现在常见的样式是西服套装，款式较多，这类礼服整体造型挺拔、合体、肩宽、腰部收紧，面料多为精纺呢绒，局部可以镶拼缎面织物，讲究品质，显得庄重华贵。（图5-16）

女士晚礼服多姿多彩，款式繁多，风格各异。不同款式的女士晚礼服给人的心理感觉各不一样，有的性感，有的清纯，有的高贵，有的端庄典雅，面料色彩的选择都尽量吸引别人的注目。在设计晚礼服时，要充分考虑到穿着者的肤色、气质、身材等因素。

女士婚礼服是女人一生中十分重要的礼服样式，西式婚礼服也叫婚纱，通体洁白，不同的白色材质搭配使用展现出一种朦胧、纯洁的感觉。蓬松的头纱主要由透明的纱织物制成，从头顶一直垂到腰部或地面，薄薄的纱遮住新娘的面部，给人一种朦胧的感觉。礼服多为连衣样式，上身合体，袒胸露肩，摆长拖地，也有及膝或超短样式，时尚个性。新娘礼服一般都有捧花，百合、玫瑰等都可以。

图5-16 社交礼服华丽典雅

## 第十二节 按照加工方式分类

1. 手工服装

以手工缝制为主要制作方式的服装。少数民族的蜡染服装，从织布到染色再到制作都是纯手工制作。纯手工制作的服装大多工艺精湛。

2. 机器加工服装

以机器加工为主要制作方式的服装。机器大生产推动服装大批量地生产。一般市场上卖的服装大多数都是机器加工的。

## 第十三节 按照档次分类

很多公司或企业在定位自己的产品时，通常使用诸如“高档”或“中档”来描述自己产品的档次，而消费者在购买服装的时候，也基本上是根据价位来区分高档产品与中档或低档产品。产品的价位并不能真实地反映产品的全貌，诸如面料质地、加工工艺、品牌价值、商场折扣率等都会影响价格。除了有统一销售价格的品牌服装外，其他零售或批发的服装，即使款式一样，但是放在不同的地方销售，价格也是不一样的。服装的档次应该是指服装外在品质与内在品质的总和。服装的外在品质包括服装的面辅料、做工、色彩、款式、细节等，服装的面料越好，做工越讲究，那么外在的品质就越好；服装的内在品质包括服装的品牌价值、售后服务等。服装的品牌附加值越高，服务越完善，内在的品质自然越好。

1. 高档服装

高档服装是对服装外在和内在品质要求都很高的服装。它的材料、做工、款式都是一流的。高档服装要具备很高的品质就肯定要花费更多的人力、物力和财力，生产时间也比较长，所以批量小、数量少、成本高，价格不菲。（图5-17）

2. 中档服装

中档服装达不到高档服装那么高的品质标准，设计、材料、做工都略逊一筹，因此销售价格会降低。较低的价格可以带动消费，促进流行的推广。中档服装的造型、色彩和面料均已流行信息为目标，每年的变化幅度都较大，中档服装是最强调流行感的服装。（图5-18）

图5-17 高档服装具有高级的服装品质

图5-18 中档服装强调流行感

3. 低档服装

低档服装是指设计、材料、制作都维系在较低的水平上，其特点是成本低、批量大、价格低。主要是满足消费能力比较低的消费者需求，以量取胜。所以低档服装的通病就是面料粗糙、制作简陋、偷工减料、品质一般。在造型上和结构上以节省用料为主，面料品质低下，辅料也是能省就省，做工粗糙等。由于经济的原因，低档服装市场仍然占据一席之地，通常在批发市场、简易商场或地摊上出售。

## 第十四节　按照着装状态分类

1. 轻便型、笨重型

从着装的重量感和是否方便行动的角度来划分。西方文艺复兴后期的女装、18世纪的洛可可时期的女装以及19世纪第二帝政时期的女装都是妨碍行动的笨重型服装，而18世纪末19世纪初的帝政样式却是薄得透明的轻装。进入20世纪后，无论东方还是西方，人类的服装都大大地减轻了重量，以便于行动。

2. 柔美型、阳刚型

柔与刚是从服装的面料软硬和给人的视觉感受的角度来划分的。柔美型服装给人纤柔的感觉，一般轻薄的面料如雪纺、真丝等能达到这样的效果；而阳刚型的服装给人硬挺的感觉，一般厚重的面料如工装布、呢绒、牛仔布等能达到硬挺的效果。在现代服装设计中，通常“刚柔相济”，运用不同材质的对比达到层次丰富的视觉效果。

3. 多层型、单层型

从对服装的搭配方式上来对比和划分。服装的款式一旦确定，人们就很难也很少去改动它，人们的思想意识不同，穿着的方式也不一样。有的人喜欢按照常规来穿着，服装搭配的方式比较单一，属于单层型的搭配方式；有的人喜欢利用不同服装的长短、大小、材质硬软的对比营造出丰富的层次，相对来说搭配的方式比较多，而且随意。不同的搭配方式给人的视觉效果和心理感受也不一样，多层次的搭配方式深受年轻人的喜爱，也是流行的趋势。

4. 夸张型、正常型

从服装形状的变化与体积的角度来划分。夸张是相对于正常来说的，夸张型的服装造型特别，不循常规，通常出乎意料。夸张型的服装从根本上来说是为了加大服装与人体之间的空间，扩张本来的体形，在人体的基础上塑造出新的外形，使服装离开人体。而正常型的服装比较合体，能够显露体形，突出人体曲线，缩小衣服与人体之间的空间。

5. 协调型、对比型

从服装整体的效果来划分。协调型的服装一般在重量、比例、造型、色彩上都十分和谐，注重整体的着装效果。对比型的服装通常会就某个或某几个部位进行强调或夸张，以吸引人们的注意，或上重下轻，或上轻下重，或强调臀部，或强调肩部，或强调腰部等，比例夸张。这种刻意的强调给人们留下深刻的印象。例如，后出型的服装就是这种对臀部进行夸张的样式。16世纪文艺复兴时期，男装强调上体部的宽大和雄伟，下肢却穿着类似今天女性穿的健美裤，形成典型的上重下轻型着装样态。与之相对，女装则重点突出下体部的丰满和硕大，用紧身胸衣把腰身勒细的同时还用巨大的裙撑使臀部膨大，形成上轻下重的三角造型。

# 第六章 服装廓形设计

# 第一节　服装廓形的定义

服装廓形是指服装的外部剪影，廓形是服装造型的基础。廓形是用来区别和描述服装的重要特征，例如20世纪40年代的A形，50年代的帐篷形，60年代的酒杯形，70年代的X形，80年代的H形等。流行款式的演变最明显的特点就是服装廓形的演变。

# 第二节　服装廓形的设计

下面介绍服装廓形的分类。

**一、字母形**

字母形廓形，顾名思义，即按照字母对服装廓形进行归纳，最基本的有五种：A形、H形、O形、T形、X形。字母形分类可以很好地描述服装廓形的基本特征。（图6–1）

图6–1　字母形廓形

①A形廓形

也称为正三角形廓形，具有活泼、潇洒、富于活力的性格特点。1955年由迪奥首创，也称为A–Line。A形廓形在20世纪50年代的全世界服装界都十分流行，现在被广泛应用于连衣裙、短裙、大衣的设计中，是女性服装中比较重要的廓形样式。（图6–2）

图6-2　A形廓形

图6-3 H形廓形

②H形廓形

也称为矩形、箱形、筒形。其造型特点是平肩、不收紧腰部、筒形下摆，因形似英文字母H而得名。H形廓形修长、简约、宽松，多用于运动装、休闲装、居家服以及男装设计中。（图6–3）

③T形廓形

T形廓形类似于倒梯形或倒三角形，其造型特点是肩部夸张，下摆收拢形成上宽下窄的效果。T形廓形具有男性化、大方、洒脱的性格特点。二战期间曾作为军服样式的T形廓形在欧洲妇女中颇为流行。在现代服装舞台上，T形多用在男装和夸张的舞台服装中。（图6–4）

图6–4　T形廓形

图6-5 O形廓形

④O形廓形

该廓形呈椭圆形，其造型特点是肩部、腰部及下摆处比较圆润，没有明显的棱角，腰部线条松弛，不收腰，整体造型圆润饱满。O形廓形具有休闲、舒适、随意的性格特点，在居家服装、运动服及休闲装中应用比较多。（图6-5）

⑤X形廓形

X形廓形是最具有女性特征的廓形，它根据女性细腰的特点，塑造出自然的肩形、臀形以及收紧的腰部。X形线条具有柔美、女性化的特点，在经典女装、淑女风格女装中应用广泛。（图6-6）

图6-6　X形廓形

图6-7 其他字母形廓形

除了基本的五种廓形外，还包括V形、Y形、S形等。（图6-7）

## 二、几何形

即用几何形来概括服装廓形的方式，比如说方形、圆形、梯形等，还有使用不同几何形组合出来的几何形体。

## 三、物象形

从大自然中选取物象，将其剪影并进行归纳，这些优美简洁的廓形经常被设计师应用到服装设计中，例如：迪奥的郁金香形、20世纪60年代流行的酒杯形，还有酒瓶形、埃菲尔塔形、圆屋顶形等。（图6-8）

图6-8 物象形廓形

## 第三节　服装廓形变化的主要因素

1．肩部的变化

肩的变化受到肩部结构的影响和限制，其变化幅度远不如腰和摆自如，但是，很多设计大师在肩部也作出了惊人的造型变化，比如20世纪80年代意大利设计师乔治·阿玛尼夸大肩部的造型是对服装肩部造型的一大突破。皮尔·卡丹风靡欧美的翘肩女装，灵感来自东方的角楼飞檐，这一造型也成为现代女装重要的肩部造型之一。（图6-9）

图6-9　肩部的变化

2. 腰部的变化

腰部的变化十分丰富，根据腰线的高低可以分为高腰、中腰和低腰。高腰设计能拉长服装下部的比例，使穿着者显得柔美颀长；中腰服装腰线自然和谐，使穿着者显得端庄自如；低腰设计给人以轻松随意的感觉。

根据腰部的松紧可以分为束腰设计和松腰设计。束腰设计在腰部进行束紧，使身材显得窈窕纤细，X形廓形就是最典型的束腰设计。松腰设计不收紧腰部，腰部呈现宽松、自由的样式，给人感觉比较休闲、放松，多用于运动装、居家服装中。（图6-10）

图6-10 腰部的变化

3. 臀部的变化

臀围线的变化对于服装廓形的影响很大，在服装发展的不同时期，臀围线经历了自然、夸张、收缩等不同的变化形式。在西方服装史中，我们看到西方妇女曾用裙撑夸张臀形，使裙摆呈巨大的伞形，后来又用紧身裤来收缩臀部，不同的臀形使服装具有非常不同的廓形。（图6-11）

图6-11　臀部的变化

4. 摆的变化

摆通常在裙和上衣中被称为下摆，在裤装中常被称为脚口。摆是服装长度变化的重要影响因素，摆的长短、位置影响着每年的服装流行样式。

除了长度以外，摆的大小也是流行的方向标，同时，摆的形状变化也很丰富，如直线形摆、曲线形摆、圆形摆、对称形或平行形摆等，不同的底摆变化带给服装不同的风格变化。（图6-12）

图6-12　摆的变化

## 第四节　如何利用服装廓形进行廓形设计

1. 几何造型法

几何造型法是指利用简单的几何模块进行组合变化，从而得到所需要的服装廓形的方法。具体的方法是：用纸片做成各种各样的简单几何形，比如圆形、方形、三角形、梯形等，然后将这些几何形进行构成和变化，比如通过重复、重叠、比例、节奏等形式美法则，使原来简单的几何形呈现出丰富多样的视觉效果。用几何造型形拼出最终需要的形以后，还要对大形作适当的修改。

2. 直接造型法

直接造型法是指使用布料在人体模特或模型上直接造型的方法，这种方法借鉴立体裁剪原理，只使用大头针别住造型以取得外轮廓，随后记录下这种效果。通常是在1：1的人体模型上完成，或使用1：2的模型，操作方便还能节省布料。被称为“20世纪时装界巨匠”的巴伦夏加就喜欢在模特儿身上利用布料的性能进行立体裁剪和造型，被称为“剪刀魔术师”（图6-13）

图6-13　直接造型法

3. 影响廓形设计的因素

①量对廓形形态设计的影响

量包括大小、长短、粗细、多少等，靠对比在一定条件下形成。在服装设计中，量是影响服装形态表现的重要因素。（图6-14、图6-15、图6-16）

图6-14 量的因素对服装廓形的影响

图6-15 量的增多改变服装的廓形

②虚实对廓形形态设计的影响

虚实可形成层次、韵律、强弱，而且还可以造成现实与幻想、坚固与松弛。阳刚、阴柔、明快与朦胧的对比给人带来不同的心理效应。

虚实是服装设计中经常用来表现服装形态表情的手法。它带给人的视觉上和感觉上的层次感与变化感，对服装风格的影响较为明显。

③材料质感对廓形形态设计的影响

材料质感形态对廓形形态设计的影响是非常重要的。不同的材料有不同的物理特性，其物理特性对廓形形态设计有举足轻重的作用。材料的硬、挺、垂、厚、薄以及不同的光泽，决定着服装的基本特色，充分发挥材料的特性与可塑性，通过面料材质创造特殊的形式质感和细节局部，以阐释出服装的个性精神和最本质的美。（图6-17）

图6-16　形的放大改变服装廓形

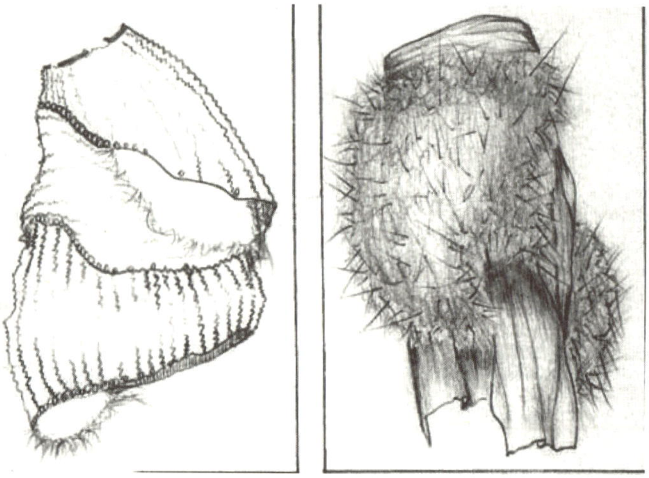

图6-17　材料质感影响廓形

# 第七章 服装细节设计

## 一、服装内部造型与外部造型的关系

服装内部造型即服装内部细节造型，包括领、袖、口袋、连接、腰头、结构线的设计等。

服装廓形决定内部细节的造型。细节设计要符合服装廓形、服装风格的要求。细节与细节之间的造型也要相互关联。

服装的内部造型是指服装的结构线造型和零部件设计，例如领、袖、口袋、分割线、连接的设计。（图7-1）

图7-1 服装细节的设计要和服装的整体风格相一致

## 二、零部件设计

1．领的设计

①无领型

无领型包括圆领、方领、V领、船形领、一字领、连身领等。（图7-2）

图7-2 各类服装领型

②. 装领

装领包括立领、翻领、驳领、平贴领、连帽领。（图7–3）

图7–3 各类立领

翻领，如图7–4所示。

图7–4 各类翻领

驳领，如图7-5所示。

图7-5　各类驳领

连帽领，如图7-6所示。

图7-6　各类连帽领

2. 袖的设计

①. 袖山设计

装袖，如图7-7所示。

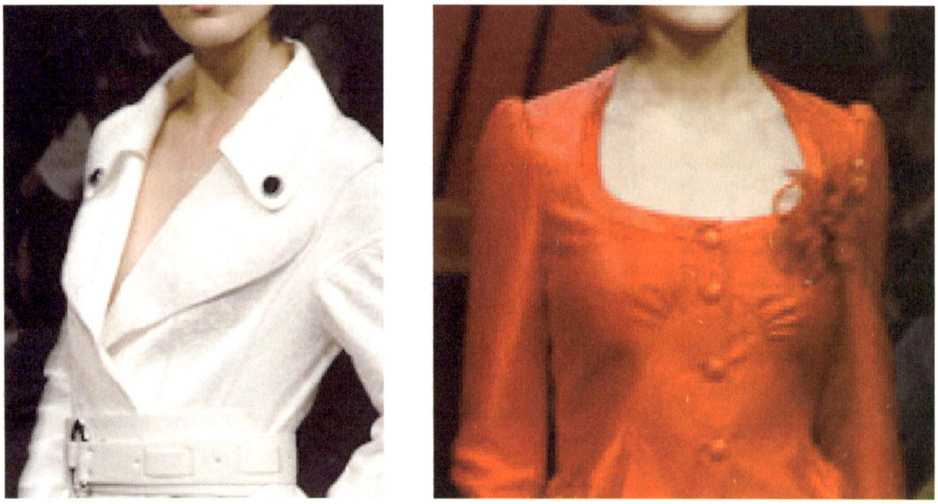

图7-7 各类装袖

连身袖，如图7-8所示。

图7-8 连身袖

插肩袖，如图7-9所示。

图7-9 各类插肩袖

②袖身设计

紧身袖，如图7-10所示。

图7-10 紧身袖比较合身

直筒袖，如图7-11所示。

图7-11 直筒袖比较宽松

膨体袖，如图7-12所示。

图7-12 膨体袖比较夸张，有很好的舞台视觉效果

③袖口设计

收紧式袖口，如图7-13所示。

图7-13 收紧式袖口具有防风保暖的特点

开放式袖口，如图7-14所示。

图7-14 开放式袖口

3. 口袋设计

①贴袋，如图7-15所示。

图7-15 贴袋

②暗袋，如图7-16所示。

图7-16 暗袋

③插袋。

④里袋。

⑤复合袋。

4. 连接设计

包括纽扣、拉链、粘扣、绳带等连接设计，如图7-17所示。

图7-17　各类连接设计

5. 腰头设计

各类腰头设计如图7-18所示。

图7-18　各类腰头设计

## 三、服装中结构线的设计

### 1. 省道线

胸省、腰省、肩省、背省、臀位省，如图7-19所示。

图7-19　各类省道

### 2. 分割线

装饰分割、结构分割，如图7-20所示。

图7-20 肩部分割线为装饰分割，领至腰部分割线为结构分割线

3. 褶

自然褶，如图7-21所示。

图7-21　自然褶

人工褶（褶裥、抽褶、堆砌褶），如图7-22、图7-23、图7-24所示。

图7-22　褶裥

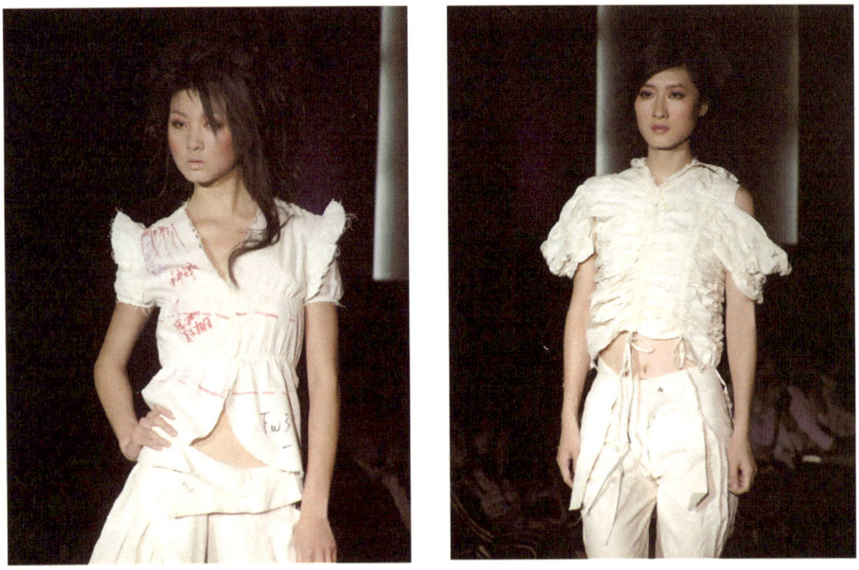

图7-23 抽褶

图7-24 堆砌褶

# 第八章 服装设计风格

1. 概念

①风格

风格是艺术作品的创作者对艺术的独特理解和与之相适应的独特手法所表现出来的面貌特征。

②设计风格

设计风格是服装外观样式与精神内涵相结合的总体表现，是服装传达的内涵和感觉。例如三宅一生的作品被誉为“软雕塑”，如图8-1所示。

图8-1　三宅一生的作品被誉为“软雕塑”

③意义

造型意义：好的服装作品就是一件造型艺术品，有自己的风格倾向和涵义。

商业意义：合理的服装风格定位能够赢得更多的消费者和商业利润。

图8-2　服装的设计风格

2. 主要服装风格

不同的划分标准赋予了服装不同的涵义和名称。

①从造型角度进行分类

经典风格代表设计师：乔治·阿玛尼/Gior Armani

前卫风格代表设计师：维维恩·韦斯特伍特（Vivienne Westwood，英国）

运动风格代表设计师代表品牌：ELLE

休闲风格代表设计师代表品牌： ESPRIT

优雅风格代表设计师：夏奈尔（Chanel，法国）

中性风格代表设计师：蒙塔娜（Montana）

民族风格代表设计师：高田贤三（K enzo，日本）

图8-3　优雅风格服装设计师夏奈尔

图8-4　服装的设计风格

②其他服装风格

都市风格：杰克琼斯/Jack&Jones

田园风格：自然元素

硬朗风格：皮尔·卡丹

舒展风格：伊夫·圣·洛朗

严谨风格：Prada

松散风格：川久保玲、高田贤三、山本耀司

华丽风格：Dior

简洁风格：乔治·阿玛尼/Gior Armani

繁复风格：让·路易·谢瑞

浪漫风格：尼娜·里奇

# 第九章 服装设计程序

## 第一节 设计完成的过程

1. 设计指令

①外界指令

外界指令是指来自他人的、外部的指令。如大赛通知、公司设计任务等。

②灵感指令

由灵感引发创作冲动而进行的设计。

2. 设计构思

是指孕育设计作品过程中所进行的思维活动。设计构思包括确定服装的造型和色彩、选择合适的面料与辅料、考虑对应的结构与工艺、设想样衣的效果等。

3. 图形化

将构思好的服装样式用绘画的形式表现出来，既可以用服装效果图，也可以用服装款式图。

①完整型设计稿

用于大赛、投标效果图等。包括构思、任务造型、 着装效果、背面造型、细节表现、文字说明。（图9-1）

②简略型设计稿

用于企业内部的设计稿。包括构思、款式图、细节表现、文字说明。（图9-2）

4. 规格

是指服装各部位的尺寸。如胸围、腰围、衣长等。

5. 结构设计

即纸样，是根据服装造型和服装规格绘制裁剪图。

6. 坯样

用代用材料如白坯布试制的初级样衣，用于修正结构设计中的不合理之处。（图9-3）

图9-1 完整型设计稿

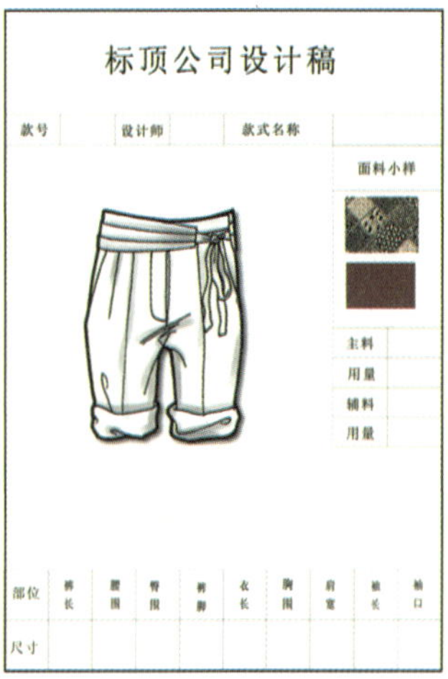


图9-2　简略型设计稿

图9-3 白坯布制作的坯样

7. 试衣

是服装制作过程中的试穿环节，一种是直接在模特架子上试穿，另一种是真人试穿。试衣目的是寻找服装与人体的不合体部位，以便进行修正。

8. 裁剪

根据坯样的结果对纸样进行修正之后就可以进行面料的剪裁了。剪裁之前要检查面料的外观质量、疵点、倒顺毛等，对面料进行预缩水处理，检查熨烫受热情况与粘合衬的配伍情况。

9. 缝制

按照工艺设计的要求进行实样制作。

10. 完成

若缝制结果与预想结果有较大的差异，应找出症结，对样板进行修正，直到实样效果理想后，设计阶段才正式完成。

后面的工作可以交给生产部门和销售部门完成了。

## 第二节　设计灵感

灵感是指人们长期从事于某一事物过程中产生的突发性思维。灵感在人类思维活动的潜意识中酝酿，在不经意中突然闪现，是人类创造过程中一种感觉得到但却摸不着的东西，是一种心灵上的感应。如文学领域的创作、科技领域的发明创造等。

1. 灵感的特征

突发性——突然出现在设计者的脑子里。

增量性——随着经验和成果的不断累积，灵感出现的频率逐渐增加。

短暂性 —— 灵感一闪而逝，要善于抓住灵感。

专注性 —— 具有专业对口性。

2. 灵感的取舍

①形象感

有些灵感是具体事物的反映，有些是抽象思维的结果，无论是具象还是抽象的灵感，在被设计利用时，首先要求灵感的形象清晰可辨。例如“魅惑”是一个抽象的词汇，但是却有明显的可感知性，但“思想”却难以用某个形态来表达。

在服装设计中，设计师需要有很高的美的鉴赏力，将美的事物自然贴切地应用到服装中。（图9-4、图9-5、图9-6）

②色彩感

色彩也是激发灵感的主要因素之一，色彩的变化十分丰富。（图9-7）

③题材感

在创意服装中非常强调主题，主题则由题材来表现。新颖的题材能够使人耳目一新，如表现“和平”与“传统服装”的题材。

④趣味感

某些灵感来自于工艺方面，在缝制实践中会得到工艺方面的灵感，选择结构和工艺要注意合乎服装特征的趣味性。（图9-8）

## 第三节　灵感来源

服装设计大师克里斯汀·迪奥说过：“我所到之处，床上、浴室、洗浴间、餐桌旁、车中、街灯下，不分昼夜，我都在不停地设计。借助于它们，便立即可以捕捉到灵感。”

灵感的出现具有突发性和偶然性，似乎捉摸不定。但是，灵感也具有专注性和增量性，具有某种必然性。消极地想、无奈地等待灵感的出现是不可取的，应该主动积极地寻找设计灵感。

1. 生活

“艺术源于生活，又高于生活”，生活中的一切都可以成为灵感的来源。例如，北京奥运会标志设计来源于太极拳的启示，由花篮产生灵感。（图9-9）

2. 自然

优美的风景、漂亮的花草、风雨雷电、河流山川等都能给人以灵感。（图9-10、图9-11）

3. 时空

人的思维在不断变化发展，服装设计也有过去、现在和未来，是超越时空发展的。服装流行的复古风迎合了人们的怀旧心理；网络时代的设计灵感则来自于现代时尚信息；而畅想未来之类的设计灵感来源于对未来的思考。

图9-4　形象感突出的设计作品

图9-5　色彩形象感突出

图9-6　利用面料肌理表达设计
主题：冰川世代

图9-7　淑女屋的效果图富于趣味感

图9-8　大红色是中国风的代表色彩

图9-9 北京奥运会标志设计
来源于太极拳的启示

图9-10 美丽的大自然

图9-11 由大自然的蝴蝶、花卉为灵感设计的服装

图9-12 绘画等姐妹艺术是设计灵感的来源

4. 姐妹艺术

绘画、雕塑、摄影、音乐、舞蹈、戏剧、电影、诗歌、文学等姐妹艺术是设计灵感最主要的来源。

5. 科技成果

科技成果激发人们的创造性，例如：20世纪60年代，人类争夺太空的竞争刚开始，皮尔 ·卡丹就推出“太空风格“的服装。

6. 社会动态

社会环境的变化也影响到服装领域，“服装是社会的一面镜子”，敏感的设计师能根据社会环境的变化推出极为时髦的服装。例如：2001~2002年唐装的盛行也是受到APEC会议的影响。

7. 民族文化

民族文化使国家、地区和民族之间产生了特色和个性，设计师对民族文化的开发利用有得天独厚的优势。例如：剪纸、皮影、花灯、秦俑等题材的运用。（图9-13）

8. 历史服装

如图9-14所示。

图9-13 民族文化的开发具有特色和个性

图9-14 历史服装也是灵感的来源

9. 名人效应

对于追流行的人来说，名人的服饰行为常常是他们追逐的目标。例如：世界级歌星穿着的服装会成为设计者关注的焦点。

10. 流行资讯

在设计灵感来源中，资料是最直观的也是最容易被运用的。在现代这个飞速发展的信息社会中，资料是设计师重要的灵感来源，包括期刊、报纸、杂志、书籍、幻灯片、录影带等。

## 第四节　灵感的表现形式

1. 漫想

漫想是指不经意和无羁绊地想，其过程是从量变到质变的过程。

2. 记录

灵感维持的时间短暂，若不及时记录，就会转瞬即逝。

3. 整理

在记录灵感之后，及时对灵感进行整理，使其符号化、图形化。

4. 完成

将草图配合人体画成效果图，完成设计的整体感。

## 参考文献

1. 刘晓刚，崔玉梅.基础服装设计. 上海：东华大学出版社，2004.
2. 曾红. 服装设计. 南京：东南大学出版社，2006.
3. 余强.服装设计概论. 重庆：西南师范大学出版社，2008.
4. 华梅，周梦. 服装概论. 北京：中国纺织出版社，2009.
5. 凯特・哈根，美国时装画技法教程. 北京：中国轻工业出版社，2008.
6. 刘海平. 设计概论. 北京：北京大学出版社，2010.
7. 包铭新.服装设计概论. 上海：上海科学技术出版社，2001.
8. 冯利，刘晓刚. 服装设计学概论. 上海:东华大学出版社，2010.
9. 杨永庆，张岸芬. 服装设计. 北京：中国轻工业出版社，2006.
10. 刘元风. 服装设计学. 北京：高等教育出版社，2005.

**图书在版编目(CIP)数据**

服装设计原理/唐红玉主编. 一合肥：合肥工业大学出版社，2013.5 (201
ISBN 978-7-5650-1294-5

Ⅰ.服... Ⅱ.唐... Ⅲ.服装设计 Ⅳ.TS941.2

中国版本图书馆CIP数据核字(2013)第074119号

# 服装设计原理

Fu zhuang she ji yuan li

**服装设计原理**　　唐红玉　主编　　责任编辑　王磊

| | | | |
|---|---|---|---|
| 出　版 | 合肥工业大学出版社 | 版　次 | 2013年5月第1版 |
| 地　址 | 合肥市屯溪路193号 | 印　次 | 2018年8月第2次印刷 |
| 邮　编 | 230009 | 开　本 | 787毫米×1092毫米　1/16 |
| 编辑室 | 0551-62903204 | 印　张 | 6.5　　字数　154千字 |
| 网　址 | www.hfutpress.com.cn | 发　行 | 全国新华书店 |
| E-mail | press@hfutpress.com.cn | 印　刷 | 安徽联众印刷有限公司 |

ISBN 978-7-5650-1294-5　　定价：42.00元

8.8重印)